TIERWELT

IMPRESSUM

TIERWELT. Warum Pandas im Handstand pinkeln.
Und weitere spannende Fakten und ihre Hintergründe.

© 2017 Community Editions GmbH
Weyerstr. 88-90
50676 Köln

Alle Rechte der Verbreitung, auch durch Film, Funk, Fernsehen, fotomechanische Wiedergabe,
Tonträger aller Art, auszugsweisen Nachdruck oder Einspeicherung und Rückgewinnung in
Datenverarbeitungsanlagen aller Art, sind vorbehalten.

Die Inhalte dieses Buches sind von Autoren und Verlag sorgfältig erwogen und geprüft, den-
noch kann eine Garantie nicht übernommen werden. Eine Haftung von Autoren und Verlag für
Personen-, Sach- und Vermögensschäden ist ausgeschlossen.

Layout & Design: Kathrin Schüler
Satz: Annette Süß
Lektorat: Katrin Höller (writehouse)
Projektleitung: Sarah Völker
Redaktion: Angela Heider-Willms, Katrin Höller, Andrea Mesch, Nadja Sadeghin,
Kristina Scherer, Christiane Steinwascher, Kerstin Thürnau

Gesamtherstellung: Community Editions GmbH

ISBN 978-3-96096-003-4

Printed in Poland

www.community-editions.de

Faktastisch® ist eine eingetragene Marke beim Deutschen Patent- und Markenamt

FAKTASTISCH

TIERWELT

WARUM PANDAS IM HANDSTAND PINKELN

Community
EDITIONS

INHALT

Vielen Dank, dass du dir dieses Buch gekauft hast! Es ist Teil unserer Wissensreihe und du bekommst nicht nur Fakten aus der Tierwelt, sondern auch eine genaue Erklärung mit Quellenhinweisen, die du am Ende des Buches finden kannst.

Wenn dich ein Fakt besonders interessiert hat, dann kannst du ihn gerne als Foto oder Text mit deinen Freunden unter dem Hashtag #FaktastischBuch teilen und unsere Wissensreihe weiterempfehlen.

Und jetzt ganz viel Spaß!

Euer Faktastisch-Team

GANZ SCHÖN AUSGEFUCHST!
DIE CLEVEREN

Ob instinktiv oder richtig schlau durchdacht: Manche Tiere wissen echt Bescheid. Sie kommunizieren in abgefahrenen Sprachen, legen ihre Artgenossen herein oder … bauen sich Wohnungen mit separater Toilette.

RABEN ARBEITEN ZUSAMMEN, UM FUTTER ZUSAMMENZUTRAGEN. UNGERECHTIGKEITEN MACHEN SIE ABER MISSTRAUISCH.

Kooperatives Verhalten unter Artgenossen ist in der Tierwelt keine Seltenheit, wurde jedoch meistens bei hochentwickelten Säugetieren wie Schimpansen nachgewiesen. In einer Studie des Wiener Kognitionsbiologen Jorg Massen konnte jedoch gezeigt werden, dass auch Raben dazu in der Lage sind. Sie jagen nicht nur gemeinsam, sondern haben auch ein tiefgreifendes Verständnis für Zusammenarbeit mit anderen Tieren. In Massens Experiment bekamen jeweils zwei Raben eine Belohnung, wenn sie es schafften, gleichzeitig an zwei Seilenden zu ziehen. Zog nur ein Rabe am Seil, fiel das Futter außer Reichweite. Den Raben gelang es, diese Aufgabe ohne Training zu lösen. Allerdings ging es ihnen wie uns mit den Kollegen: Nicht mit jedem Vogel klappte es gleich gut. Und wenn einer der Raben sich die Belohnung alleine schnappte, wurde er in Folge von seinem Partner boykottiert. Alles muss man sich nun wirklich nicht gefallen lassen.

SCHIMPANSEN HABEN EINEN SINN FÜR HUMOR UND MACHEN GERNE PROVOZIERENDE SPÄSSE.

Frans de Waal ist einer der weltweit führenden Primatenforscher und studiert seit inzwischen fast 40 Jahren das Verhalten von Schimpansen, Bonobos und anderen Affenarten. Er beobachtete immer wieder, dass Schimpansen zum Vergnügen provozieren und vor allem Freude an Überraschungseffekten haben. So gibt es Schimpansen, die auf Besucher in Zoos warten, um ihnen dann Streiche zu spielen, indem sie sie zum Beispiel mit Wasser oder Urin bespritzen. Dass Schimpansen lachen können, fand Marina Davila-Ross von der Universität Portsmouth einfach dadurch heraus, dass sie die Tiere kitzeln ließ und die Aufnahme des Gelächters mit dem von Menschen verglich.

n mehreren Experimenten wurden Schafen verschiedene Futtermischungen angeboten. Die Schafe wählten immer die Zusammenstellung, bei der sie am besten mit Nährstoffen versorgt wurden. Dabei spielte es keine Rolle, ob die Pflanzen frisch oder getrocknet verfüttert wurden. Durch diese kluge Wahl können die wolligen Tiere ihren Energiehaushalt und mangelnde Nährstoffe zu einem bestimmten Grad ausbalancieren. Schafe lernen außerdem, Pflanzen zu bevorzugen, die viel Tannine enthalten. Diese pflanzlichen Gerbstoffe sorgen unter anderem dafür, dass die Schafe bei der Verdauung Proteine besser verwerten. Außerdem wirken sie beim Wiederkäuen gegen Fadenwürmer und helfen gegen Blähungen. Schafe, die unter Parasitenbefall leiden, suchen daher aktiv nach Pflanzen wie Esparsette, Chicoree und Hornklee, die besonders viele Tannine enthalten. Von wegen „dumm wie ein Schaf"!

SCHAFE KÖNNEN SICH SELBST THERAPIEREN. SIE WISSEN GENAU, WAS SIE FRESSEN MÜSSEN, WENN ES IHNEN NICHT GUT GEHT.

MÄNNLICHE VÖGEL LIEFERN SICH GESANGSDUELLE, UM DEN WEIBCHEN ZU ZEIGEN, DASS SIE STARK GENUG SIND, UM FUTTER ZU SUCHEN.

ögel sind kleine Verbrennungsöfen: Sie verwerten Futter sehr schnell, damit kein unnötiger Ballast beim Fliegen entsteht. Je nachdem, wo sie leben, müssen sie bereits viel Energie darauf verwenden, ihr Futter überhaupt zu finden. Singen ist eine sehr kräftezehrende Angelegenheit und damit ein Luxus, den sich ein Vogelmännchen erst leisten können muss. Ein ausdauerndes, lautes Konzert für ein Weibchen signalisiert, dass der Vogelmann sich und damit auch seine zukünftige Nachkommenschaft gut versorgen kann. Das liebliche Gezwitscher aus den Bäumen heißt also nichts anderes als: „Hey, ich kann nicht nur wirklich toll singen, sondern habe auch die Fettreserven dafür! Ich bin stark, clever und weiß, wo das beste Futter zu finden ist!"

FÜCHSE KÖNNEN SICH UNTEREINANDER AN DER STIMME ERKENNEN.

Füchse können über eine große Vielzahl unterschiedlicher Laute kommunizieren. Ein Fuchs greift auf ein Repertoire aus bis zu 28 verschiedenen Geräuschen wie Bellen, Winseln oder Knurren zurück und kann seine Tonhöhe über fünf Oktaven variieren. Füchse begrüßen sich mit einem speziellen Bellen, dass die Welpen mit etwa 20 Tagen lernen und verwenden, um Aufmerksamkeit von ihren Eltern zu bekommen. Bei dieser Begrüßung können sie sich an ihren Stimmen erkennen: Spielt man Füchsen in Gefangenschaft das Gruß-bellen vor, beantworten sie es, aber nur bei Aufnahmen von Füchsen aus ihrem Bau. Während der Paarungszeit kann ein Fuchs über das sogenannte Ranz-bellen über weite Distanz hin Kontakt zu seiner Partnerin halten. Gut ist es, ein Fuchs zu sein, Menschen müssen zu diesem Zweck erst zum Smartphone greifen. Dort können sie sich dann gleich den 2013 viral gewordenen Hit „What does the fox say?" anhören, der von diesem Fakt inspiriert wurde und in dem verschiedene Fuchslaute imitiert werden.

KOALAS KLAMMERN SICH, WENN ES HEISS IST, AN BAUMSTÄMME, UM SICH ABZUKÜHLEN.

Temperaturen von über 40°C sind im australischen Sommer keine Seltenheit. Wie hält man das ohne Klimaanlage aus? Koalas haben eine clevere Möglichkeit gefunden, den heißen Temperaturen ganz ohne technischen Aufwand zu trotzen: Sie kuscheln sich an Baumstämme. Die sind nämlich viel kühler als die Umgebung. Für die Koalas ist das ein echter Glücksfall. Denn sie können sich zwar wie Hunde auch durch Hecheln abkühlen, verbrauchen dabei aber viel Wasser. Dieses ist für die Baumbewohner aber gerade bei heißen Temperaturen Mangelware. Die Tiere brauchen davon weniger, wenn sie kühlere Orte aufsuchen. Das tun Koalas ganz gezielt: Zoologen von der Universität Melbourne haben festgestellt, dass die Koalas bei Hitze lieber Schwarzholz-Akazien aufsuchen. Deren Stämme sind im Vergleich zur Umgebung besonders kühl. Ist es weniger heiß, halten sich Koalas bevorzugt in Eukalyptusbäumen auf, wo sie ihre Nahrung finden. Das Wort „Koala" soll in der Sprache der Aborigines übrigens „trinkt nicht" bedeuten: Baumkuscheln macht es möglich.

WENN EIN RABE BEMERKT, DASS ER VON ANDEREN RABEN BEOBACHTET WIRD, TUT ER SO, ALS WÜRDE ER SEIN FUTTER LAGERN, VERSTECKT ES ABER IN WIRKLICHKEIT IRGENDWO ANDERS.

Thomas Bugnyar aus Wien beschäftigt sich seit über 20 Jahren mit dem Verhalten von Kolkraben und fand heraus, dass Raben nicht nur mit anderen Artgenossen kooperieren können (und diejenigen meiden, die sie betrügen), sondern auch versuchen, sich gegenseitig zu übervorteilen: Sie spionieren andere Raben aus, um herauszufinden, wo diese ihre Futtervorräte angelegt haben. Doch auch die beobachteten Raben sind nicht auf den Kopf gefallen. Sie tun so, als würden sie Essen vergraben, indem sie auf dem Boden herumscharren. Dabei halten sie die Umgebung im Blick und wissen später genau, wer sie beim angeblichen Anlegen ihres Vorrats beobachtet hat. Kommt derselbe Rabe später einem echten Versteck nahe, vertreibt der vorherige Schauspieler ihn. Nun sind die stehlenden Raben jedoch auch wiederum sehr clever und so kann es trotzdem passieren, dass die Vorräte von einem Konkurrenten geplündert werden. Wie es in einem Artikel über Bugnyar und seine Forschungsergebnisse heißt: „Rabe sein heißt, ständig um die Ecke zu denken."

DIE SPORNGANS FRISST GIFTIGE KÄFER, DAMIT IHR FLEISCH UNGENIESSBAR WIRD VOM VERZEHR EINER SPORNGANS KANN EIN MENSCH STERBEN.

Die Sporngans ist streng genommen keine Gans, sondern gehört zu der Gattung der Glanzenten. Sie lebt in Afrika und hat ihren Namen von den scharfen Spornen an ihren Flügeln, die sie zur Abwehr nutzt. Sie ist einer der wenigen giftigen Vögel, die es auf der Welt gibt. Die Sporngans frisst dazu gezielt Ölkäfer, die das Reizgift Cantharidin zur Abwehr verwenden. Die Käfer pressen bei Gefahr ein Sekret mit dem Giftstoff aus Drüsen an ihren Beinen, um Feinde abzuschrecken. Nicht so die Sporngans, die sich auf den Verzehr von eben jenen Käfern spezialisiert hat, um das Gift in ihrem eigenen Gewebe einzulagern. Dadurch wird ihr Fleisch für Fressfeinde ungenießbar. Für den Menschen ist eine Dosis von 0,5 mg Cantharidin pro Kilo Körpergewicht tödlich.

SCHON GEWUSST? Die wohl bekannteste Ölkäferart ist die Spanische Fliege, deren gemahlene Flügel als Aphrodisiakum unter demselben Namen verkauft werden. Bei dem Wirkstoff handelt es sich um eben jenen Giftstoff Cantharidin, der beim Mann durch eine Reizung der Harnröhre starke Erektionen auslösen kann. Dies ist jedoch eine Reaktion auf das Gift und geht nicht mit der Steigerung der Libido einher. Durch eine Überdosis Spanischer Fliege kann das zentrale Nervensystem angegriffen werden; im schlimmsten Fall stirbt man an Nierenversagen. Versucht es also lieber mit einem romantischen Abend, um euch in Stimmung zu bringen!

WASCHBÄREN ÖFFNEN KOMPLIZIERTE SCHLÖSSER IN WENIGER ALS ZEHN VERSUCHEN. AUSSERDEM ERINNERN SIE SICH BIS ZU DREI JAHRE LANG AN PROBLEMLÖSUNGEN.

Waschbären sind nicht nur niedlich, sondern auch sehr schlau. Die wissenschaftliche Grundlage für die Aussagen stammt aus einer Langzeitstudie, die schon fast 100 Jahre alt ist. Drei Jahre lang testete der amerikanische Forscher H. B. Davis die Intelligenz von insgesamt zwölf Waschbären, indem er ihnen Futter in Boxen gab, die durch verschiedene Mechanismen verschlossen waren. So mussten die Tiere Knöpfe drücken, Haken lösen oder Hebel ziehen. Die Waschbären gingen dabei äußerst methodisch vor, in dem sie bei jedem neuen Öffnungsversuch nur Kleinigkeiten änderten, bis sie den richtigen Weg herausfanden. Durch diese Fähigkeit zu kombinieren brauchten sie nur wenige Versuche, bis sie am Ziel waren. Davis ging von einem Gedächtnis von etwa drei Monaten aus, spätere Studien zeigten aber, dass Waschbären sich bis zu drei Jahre an Problemlösungen erinnern können. Bemerkenswert, wo doch manche unserer Artgenossen sich nicht einmal merken können, wo sie vor zwei Stunden ihr Auto geparkt haben.

Die Art, wie wir sprechen, hängt stark von dem Umfeld ab, in dem wir aufwachsen oder später leben. Nicht anders geht es Ziegen, glaubt man den britischen Wissenschaftlern Elodie Briefer und Alan McElligott. Sie untersuchten, ob das Umfeld einen Einfluss auf die Art hat, wie Zicklein rufen. Dazu teilten sie westafrikanische Zwergziegen, die alle mindestens ein Elternteil gemeinsam hatten, in vier Gruppen auf. Durch die Analyse von Tonaufnahmen stellten sie fest, dass sich nicht nur die Rufe der Zicklein, die miteinander verwandt waren, ähnelten, sondern auch derjenigen, die in einer Gruppe aufwuchsen. Die Rufe wurden im Lauf der Zeit immer ähnlicher, je mehr Zeit die Zicklein zusammen verbrachten. In einem Interview gab Briefer an, dass diese Dialekte den Ziegen dabei helfen können, ein stärkeres Zugehörigkeitsgefühl zu ihrer Gruppe zu entwickeln. Ziegenherden bestehen aus einem komplexen sozialen System mit strikten Hierarchien.

ZIEGEN SPRECHEN MITEINANDER IN VERSCHIEDENEN DIALEKTEN, WIE WIR MENSCHEN.

WENN DER WEISSKOPFSEEADLER EINE FEDER VERLIERT, VERLIERT ER AUTOMATISCH DIESELBE FEDER AUF DER ANDEREN SEITE, UM DIE BALANCE ZU HALTEN.

Der Weißkopfseeadler ist ausschließlich in Nordamerika zuhause. Dort bevorzugt er Gegenden, in denen nicht allzu viele Menschen leben. Und doch hat ihn wohl jeder Tourist, der die USA besucht, schon einmal gesehen. Seit dem Jahr 1782 ist der Weißkopfseeadler nämlich das Wappentier der Vereinigten Staaten und überall dort auf Münzen und Banknoten zu bewundern. Dieser mächtige Vogel kann bis zu einem Meter lang und über sechs Kilogramm schwer werden. Seine Flügelspanne beträgt bis zu zweieinhalb Metern. Mit seiner beeindruckenden Statur fliegt er im Gleitflug bis zu 80 Stundenkilometer schnell und kann im Sturzflug auf bis zu 150 Kilometer pro Stunde beschleunigen. Für diese Leistung braucht er nicht nur Kraft sondern auch Balance. Verliert ein Weißkopfseeadler eine Feder an einem seiner Flügel, so wird er automatisch auch die gegenüberliegende Feder am anderen Flügel verlieren. Auf diese Weise ist die Balance wiederhergestellt und der Flug kann ungehindert weitergehen.

TAUBEN VERGESSEN NIEMALS EIN GESICHT. VERJAGST DU EINE, MERKT SIE SICH DEIN GESICHT UND WIRD DIR DAS NÄCHSTE MAL AUS DEM WEG GEHEN.

In Großstädten sind Tauben nicht gerade beliebt. Da hilft es auch nicht, dass sie in vielen Kulturen als Symbol für Frieden, Liebe und Treue gelten. Tauben verschandeln unsere Gebäude und gelten als dreckige Tiere, die scheinbar nicht besonders schlau sind. Doch zumindest das letzte Vorurteil muss vielleicht überdacht werden. Dalila Bovet und ihre Kollegen von der Université Paris Ouest Nanterre haben in einem erstaunlichen Experiment festgestellt, dass Tauben offensichtlich die Gesichter von Menschen erkennen und sich auch an sie erinnern können. Im Versuch wurden zwei Testpersonen in verschiedenfarbigen Kitteln in einen Park geschickt, um die Tauben zu füttern. Eine ließ die Tiere in Ruhe essen, die andere scheuchte sie ständig auf. Später wichen die Tauben der Testperson aus, die sie verjagt hatte, obwohl diese die Tiere nun in Frieden ließ und einen andersfarbigen Kittel trug. Die Tauben hatten sich also nicht an der Kleidung oder am aktuellen Verhalten orientiert. Der gestresste Großstädter sollte sich dies vielleicht zu Herzen nehmen, bevor er die nächste Taube mit einem Tritt verscheucht. Eine Taube vergisst offenbar nie ein Gesicht …

SCHÜTZENFISCHE KÖNNEN GESICHTER ERKENNEN.

Der Schützenfisch, ein etwa 20 cm langer Tropenfisch, erhielt einst seinen Namen, weil er eine einzigartige Technik hat, Beute zu fangen: Insekten, die auf Pflanzen am Ufer sitzen, schießt er mit einem gezielt gespuckten Wasserstrahl herunter. Damit aber nicht genug: In einem Experiment brachten Forscher der Universität Oxford den Schützenfischen bei, noch gezielter zu spucken – auf bestimmte Gesichter nämlich! Sie hängten einen Monitor über das Fischbecken, der ein menschliches Gesicht zeigte, das sich die Fische „einprägten". Wurde das Gesicht dann mit anderen Gesichtern gepaart, spuckten die Fische trotzdem immer auf das bekannte Gesicht – mit einer Trefferquote von über 80 Prozent! Das funktionierte sogar, wenn die Porträts sich extrem ähnlich oder nur in schwarz-weiß gehalten waren. Man braucht also, um Gesichter zu erkennen, nicht unbedingt ein menschliches Großhirn; ein einfaches Fischhirn tut es auch. Und das, obwohl es gar nicht so einfach ist, Gesichter voneinander zu unterscheiden – so mancher Mensch hat damit ziemliche Schwierigkeiten!

?! **SCHON GEWUSST?** Prosopagnosie heißt die menschliche Unfähigkeit, Menschen an ihren Gesichtern zu erkennen und zu unterscheiden. Diese Gesichtsblindheit kann erblich sein oder durch Gehirnverletzungen auftreten. Betroffene sind – in unterschiedlich starker Ausprägung – nicht in der Lage, an Gesichtern Dinge wie Identität, Alter, Geschlecht oder Emotionen zu erkennen. Sie orientieren sich stattdessen an Stimme, Kleidung oder Statur der Menschen und kommen so im Alltag einigermaßen zurecht. Angeblich leidet auch Kronprinzessin Victoria von Schweden an dieser Wahrnehmungsschwäche und braucht bei offiziellen Empfängen immer jemanden, der ihr die Namen der Gäste zuflüstert.

ES GIBT RIESENHAMSTERRATTEN, DIE IN DER LAGE SIND, TUBERKULOSE ZU ERSCHNÜFFELN.

Tuberkulose wird von Bakterien übertragen und kann tödlich sein. Eigentlich galt sie als besiegt und die Forschung wurde eingestellt. Ein großer Fehler, denn der Erreger ist noch da, nur inzwischen immun – die multiresistente Tuberkulose ist weltweit auf dem Vormarsch. Vor allem in Entwicklungsländern ist die Ansteckungsgefahr aufgrund von schlechter Hygiene und Unterernährung hoch. Zur Bekämpfung der Tuberkulose werden nun in Tansania Riesenhamsterratten ausgebildet, die mit ihrem feinen Geruchssinn schneller als jedes technische Gerät die Tuberkulose im Speichel erschnüffeln können. Die Ratten schaffen etwa 80 Speichelproben in sieben Minuten. Ein Mensch bräuchte für 25 Proben acht Stunden. Man vermutet, dass die Tiere verschiedene Methylverbindungen riechen können. Diese kommen in der Atemluft infizierter Menschen vor. Die Riesenratten sind aber nicht die ersten, die zum Aufspüren von Tuberkulose zum Einsatz kommen. Schon Ende des 19. Jahrhunderts fielen Hunde in Sanatorien dadurch auf, dass sie die Krankenzimmer mieden, in denen sich Patienten mit besonders schwerer Tuberkulose befanden. Künftig soll der Einsatzbereich der Ratten sogar erweitert werden: Studien belegen, dass die Tiere auch Krebszellen erschnuppern können.

WACHOLDERDROSSELN WERFEN IHREN KOT AUF RABEN UND ANDERE FEINDE (AUCH MENSCHEN), UM IHR NEST ZU SCHÜTZEN.

Die Wacholderdrossel war ursprünglich in der nordöstlichen Taiga beheimatet. Erste Brutvorkommen hierzulande gab es zu Beginn des 20. Jahrhunderts; so richtig Fuß fassen konnte diese Vogelart erst seit den 1950er Jahren. Heute trifft man die Drossel überall; man erkennt sie an ihrem lauten, schimpfenden Ruf. Die Wacholderdrossel baut ihr Nest ohne besonderen Schutz und ohne Tarnung. Zu wehren weiß sie sich trotzdem: Sollte sich ein Feind wie zum Beispiel eine Krähe oder ein Rabe nähern, wird er im Sturzflug attackiert und mit Kot bespritzt. Dabei verfügen die Wacholderdrosseln über eine exzellente Treffsicherheit. Der Kot verklumpt dann im Gefieder des Angreifers zu einer klebrig-zähen Masse. Im schlimmsten Fall kann das bis zur Flugunfähigkeit und zum Tod führen. Diese Taktik scheint so erfolgreich zu sein, dass die Wacholderdrosselpopulation in den letzten Jahrzehnten explosionsartig angestiegen ist. Die Wehrhaftigkeit der Drossel machen sich auch andere, teils seltene Vogelarten zunutze, indem sie sich in der Nähe einer Wacholderdrosselkolonie ansiedeln.

ORANG-UTANS BAUEN SICH REGENSCHIRME AUS BLÄTTERN, UM IM REGENWALD NICHT NASS ZU WERDEN.

Die Bezeichnung Orang-Utan kommt aus dem Malaiischen und bedeutet „Waldmensch". Auf Java sagt man, dass Orang-Utans wohl sprechen könnten, wenn sie nur wollten, es aber nicht tun, weil sie sonst fürchten, arbeiten zu müssen. Auch sonst sind diese Affen den Menschen sehr ähnlich: Sie gehören zu den wenigen Tieren, die sich selbst im Spiegel erkennen und die Werkzeuge benutzen. So basteln sie sich zum Beispiel aus Blättern kleine Handschuhe, mit denen sie ihre Hände bei der Futtersuche vor dornigen Sträuchern und Früchten schützen. Man hat auch schon beobachtet, dass sie Blätter wie Servietten benutzen und sich damit den Mund abwischen. Außerdem benutzen sie Äste, um damit Insekten aus ihren Höhlen zu kratzen oder um Früchte zu öffnen. Bei Bedarf stecken sie lange Stöcke ins Wasser, um die Tiefe des Gewässers zu testen, denn sie können nicht schwimmen. Vielleicht mögen sie es deswegen nicht, wenn sie nass werden. Wenn es regnet, halten sie sich jedenfalls große Blätter wie Regenschirme über den Kopf.

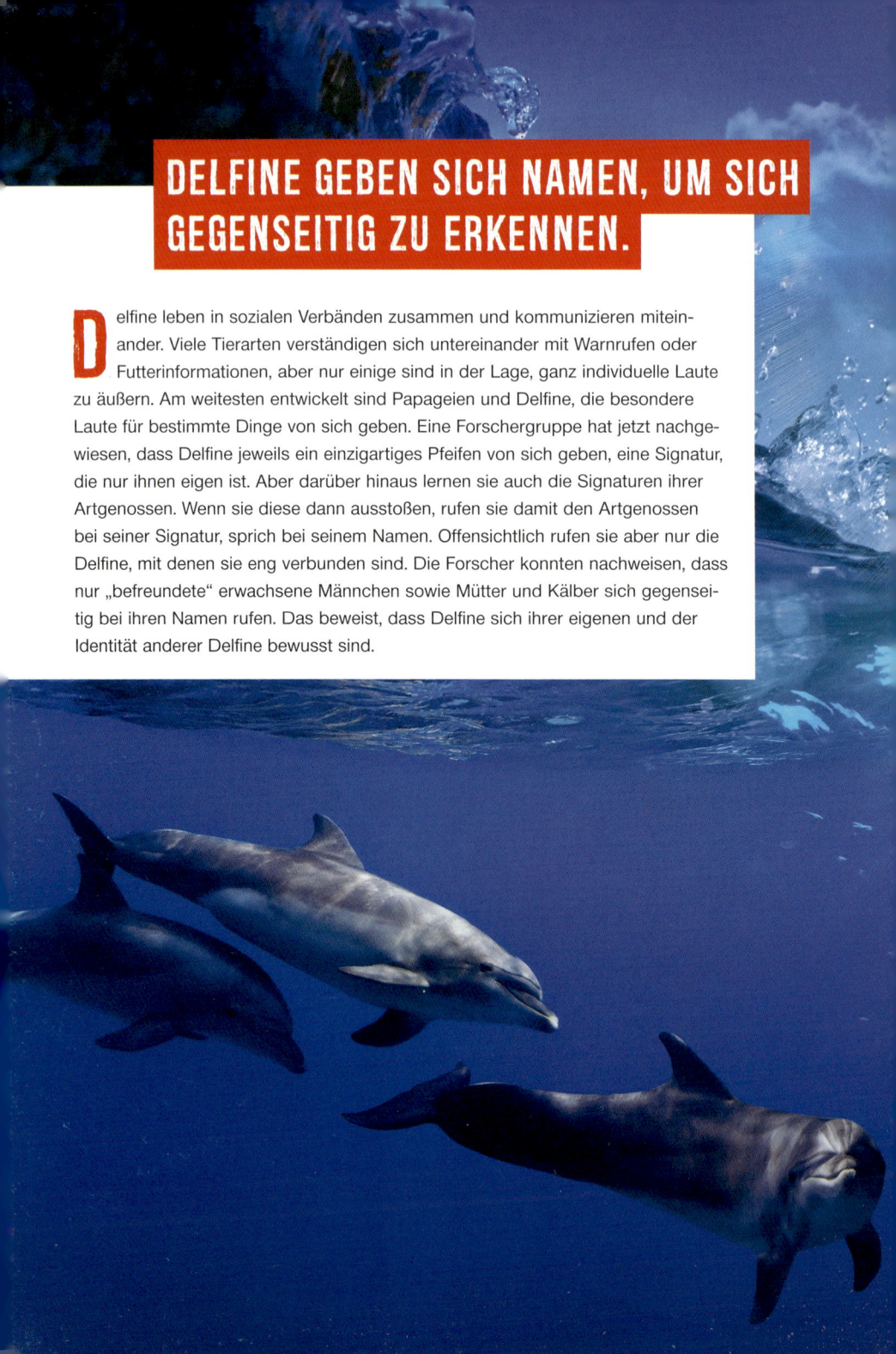

DELFINE GEBEN SICH NAMEN, UM SICH GEGENSEITIG ZU ERKENNEN.

Delfine leben in sozialen Verbänden zusammen und kommunizieren miteinander. Viele Tierarten verständigen sich untereinander mit Warnrufen oder Futterinformationen, aber nur einige sind in der Lage, ganz individuelle Laute zu äußern. Am weitesten entwickelt sind Papageien und Delfine, die besondere Laute für bestimmte Dinge von sich geben. Eine Forschergruppe hat jetzt nachgewiesen, dass Delfine jeweils ein einzigartiges Pfeifen von sich geben, eine Signatur, die nur ihnen eigen ist. Aber darüber hinaus lernen sie auch die Signaturen ihrer Artgenossen. Wenn sie diese dann ausstoßen, rufen sie damit den Artgenossen bei seiner Signatur, sprich bei seinem Namen. Offensichtlich rufen sie aber nur die Delfine, mit denen sie eng verbunden sind. Die Forscher konnten nachweisen, dass nur „befreundete" erwachsene Männchen sowie Mütter und Kälber sich gegenseitig bei ihren Namen rufen. Das beweist, dass Delfine sich ihrer eigenen und der Identität anderer Delfine bewusst sind.

WENN EINE KRÄHE STIRBT, VERSUCHEN DIE ANDEREN KRÄHEN HERAUSZUFINDEN, OB ES EINE BEDROHUNG AN DER TODESSTELLE GIBT, UM DIESE IN ZUKUNFT ZU MEIDEN.

Forscher der University of Washington belegten dies mit einem Versuch: Sie gewöhnten 65 Krähen zunächst daran, von einer bestimmten Person an einer bestimmten Stelle Futter zu bekommen. Nach einiger Zeit stellte sich eine zweite, mit einer Maske bekleidete Person daneben und hielt eine tote Krähe in die Luft. Schon am ersten Tag versammelten sich die Krähen kreischend um den Maskenträger, anstatt von der ersten Person das Futter zu nehmen. So machten sie es auch am nächsten Tag – und selbst sechs Wochen später wollte ein Drittel von ihnen in Gegenwart des Maskenmannes immer noch nicht fressen. Abgesehen davon, dass dieses Verhalten ein enormes Erinnerungsvermögen sowie möglicherweise eine Art Trauerritual für verstorbene Artgenossen zeigt, scheint es auch darauf hinzudeuten, dass Krähen erkennen können, wenn von einer Sache Gefahr ausgeht, und diese Person oder dieses Gebiet fortan meiden.

ES GIBT OKTOPUSSE, DIE SICH ALS KOKOSNUSS VERKLEIDEN.

Kraken sind schlau: Sie handeln planvoll, täuschen ihre Opfer und imitieren das Verhalten anderer Meeresbewohner. Einige sind dabei richtige Handwerker: In pazifischen Gewässern graben die Kraken Kokosnussschalen aus dem Meeresgrund, säubern sie mit dem Wasserstrahl aus ihrem Rückstoßantrieb und hocken sich in eine Schalenhälfte. Mit heraushängenden Armen staksen sie dann über den Meeresboden. Dabei sind sie auf der Suche nach einer zweiten Schalenhälfte. Wenn die gefunden ist, bauen sie die beiden Hälften wie ein schützendes Gehäuse um sich herum und kugeln – vor Feinden geschützt – wie eine Kokosnuss durchs Meer. Andere Kraken transportieren Steine zu ihrem Unterschlupf, um so den Eingang besser zu schützen. Kraken können also absichtsvoll handeln – eine Fähigkeit, die der Mensch zunächst nur sich selbst und den Menschenaffen zutraute, dann aber auf weitere Wirbeltiere wie Delfine, Krähen oder Fischotter ausdehnen musste. Kraken sind die ersten wirbellosen Tiere, von denen man weiß, dass sie ständig dazulernen und echte Persönlichkeiten ausbilden.

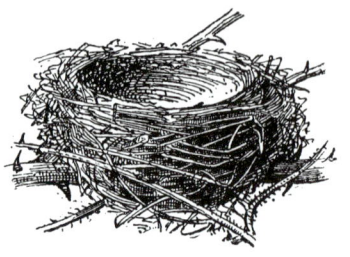

VÖGEL KÖNNEN ERKENNEN, WIE STARK EIN POTENZIELLER NISTPLATZ VERSTRAHLT IST.

Die Biologen Anders Møller (Pierre-und-Marie-Curie-Universität, Paris) und Tim Mousseau (Universität von South Carolina) machten bei ihren Untersuchungen über die Auswirkung von Strahlen auf das Brutverhalten von Vögeln eine überraschende Entdeckung. Sie beobachteten Kohlmeisen und Trauerschnäpper in der Nähe des Atomreaktors von Tschernobyl. Die Vögel mieden die stark verstrahlten Nistplätze und ließen sich stattdessen scheinbar instinktiv an den am wenigsten verstrahlten Plätzen nieder. Äußere Kennzeichen für eine Höhe der Verstrahlung lagen nicht vor. Und auch andere Standortvorteile konnten die Forscher ausschließen. Wie es scheint, kommen diese Vogelarten bereits mit einem Sensor für Radioaktivität auf die Welt. Møller und Mousseau erklären dieses Verhalten folgendermaßen: Die erhöhte Radioaktivität kann zu Schäden der Spermien und dadurch zu einem Rückgang der Fortpflanzungsrate führen. Ein angeborenes Vermeiden solcher Umgebungen ist daher überlebenswichtig für die Tiere.

DELFINE SCHLAFEN NUR MIT DER EINEN HÄLFTE DES GEHIRNS, DIE ANDERE BLEIBT WACH.

Meeressäuger wie Delfine stehen vor einem ganz speziellen Problem: Sie müssen regelmäßige Atmung und das Bedürfnis nach Schlaf unter einen Hut kriegen. In der Regel taucht der Delfin alle paar Minuten auf, um Sauerstoff aufzunehmen, nur bei der Jagd kann er bis zu 15 Minuten unter Wasser bleiben. Damit Delfine im Schlaf das Luftholen nicht vergessen, bleiben sie immer zur Hälfte wach. Delfine können nämlich ihre beiden Gehirnhälften getrennt voneinander steuern und abwechselnd schlafen lassen. Dabei wechseln sie die beiden Seiten etwa im Zwei-Stunden-Takt. Zusammen mit der einen wachen Gehirnhälfte halten sie auch ein Auge geöffnet, um mögliche Feinde im Blick zu behalten. Und sollte einen Delfin doch mal der beidseitige Schlaf übermannen, sind die anderen Tiere der Gruppe zur Stelle und erinnern ihn ans Atmen, indem sie ihn wachstupsen.

PAPAGEITAUCHER BAUEN SICH HÖHLEN MIT SEPARAT LIEGENDEN TOILETTEN.

Wenn es ans Eierlegen und Brüten geht, werden Papageitaucher sesshaft: Sie graben sich mit Schnäbeln und Füßen eine etwa 1 Meter lange Erdhöhle, die sie hübsch mit Federn und Seetang auspolstern, bevor sie in einem Nestraum ganz hinten in der Höhle einen Monat lang ihr einziges Ei bebrüten. Das Jungvögelchen lebt dann noch so lange in der Höhle, bis es fliegen lernen kann (etwa 45 Tage). Vater und Mutter bringen ihm abwechselnd und mehrmals täglich Fisch zu essen. Tatsächlich benutzt das Junge in dieser Zeit einen Toilettenraum, der vom Rest des Nestes etwas abseits liegt – und zwar, um sein Gefieder nicht zu beschmutzen, denn dieses ist schließlich wasserabweisend und soll es auch bleiben, sonst droht dem kleinen Vogel große Gefahr, wenn er dann schließlich hinausfliegt aufs Meer.

JAPANMAKAKEN MACHEN AUS SPASS SCHNEEBÄLLE.

Japanmakaken, auch Schneeaffen genannt, sind die am nördlichsten lebenden Primaten (außer den Menschen natürlich): Ihr Lebensraum sind die Gebirgswälder Japans, wo auch mal mehrere Monate im Jahr Schnee liegen kann. Die Affen, die sich sowohl auf dem Boden als auch auf den Bäumen aufhalten, schauen sich gern Verhaltensweisen von ihren Artgenossen ab. Manche dieser Tätigkeiten wurden ihnen das erste Mal von den Menschen gezeigt, zum Beispiel das Spielen mit Steinen oder das Waschen von Nahrung im Wasser. In der Folge entstehen richtiggehende „Trends": Ganze Gruppen von Affen fangen an, die Verhaltensweisen nachzuahmen und „vererben" sie auch an die nächste Generation. So entstanden auch zwei schöne Möglichkeiten, die kalte Winterzeit gut herumzukriegen: Seit eine Äffin in den 1960er Jahren zufällig hineingeriet, suchen die Affen zum Aufwärmen gerne heiße Quellen auf, in denen sie dann stundenlang herumsitzen. Die Jungtiere haben hingegen irgendwann gelernt, Schneebälle und größere Schneekugeln zu rollen, und liefern sich lustige Schneeballschlachten – genau wie Menschenkinder.

HONIGBIENEN KÖNNEN MENGEN ABSCHÄTZEN UND MALSTILE BEI KUNSTWERKEN UNTERSCHEIDEN.

Bienen haben eine erstaunliche Lernfähigkeit. Das Gehirn einer Biene ist nicht größer als ein Stecknadelkopf und doch zu unglaublichen Abstraktionen in der Lage. In einer Versuchsreihe wurden Bienen mit Zuckerwasser belohnt, wenn sie von verschiedenen Stationen mit ein bis vier Gegenständen die richtige anflogen. Nach nur wenigen Versuchen flogen die Bienen zielstrebig zum richtigen Ort. Noch verblüffender war eine Versuchsreihe, in der die Bienen lernten, verschiedene Kunststile zu unterscheiden. Nach dem Belohnungsprinzip mit Zuckerwasser wurden ihnen zunächst impressionistische Bilder von Monet und kubistische Bilder von Picasso gezeigt. Nachdem die Bienen zielsicher immer wieder die richtigen Bilder anflogen, wurden ihnen nun andere Bilder der beiden Künstler gezeigt. Wieder flogen die Bienen zu den richtigen Bildern. Das war nur möglich, weil sie gelernt hatten, verschiedene Malstile auseinanderzuhalten.

ZUSAMMEN SIND SIE STÄRKER
BESTE FREUNDE

Tiere leben zusammen in WGs, kümmern sich um andere, oft ganz artfremde Tiere oder arbeiten zusammen für ein gemeinsames Ziel. Und manche sind auch einfach beste Freunde der Menschen – Katzen, Hunde und Pferde zum Beispiel.

KARPFEN IN DER KENIANISCHEN SAVANNE ERNÄHREN SICH VOM KOT DER FLUSSPFERDE, UM IM NÄHRSTOFFARMEN TÜMPEL GENÜGEND NAHRUNG UND MINERALSTOFFE ZU BEKOMMEN.

Das riesige Flusspferd lebt in Gemeinschaft mit kleinen Freunden, den Fransenlippern. Das ist eine Karpfenart, die auch Saug- oder Lippenbarbe genannt wird. Flusspferde sind Vegetarier; sie fressen Unmengen an Gras und anderen Pflanzen. Bei einer Größe von 3 bis 4 Metern können sie schon mal 40 kg Gras täglich vertilgen. Das verursacht natürlich auch eine Menge Kot. Der wird ins Wasser abgegeben und anschließend mit dem Schwanz verquirlt. Über diesen nährstoffreichen Brei freuen sich die Fransenlipper, die auf diesem Weg ihre Diät anreichern. Als Dank fressen sie die Parasiten von der Haut der Flusspferde. Die rötliche Saugbarbe, auch Kangal- oder Knabberfisch genannt, kennt man aus ihrer therapeutischen und kosmetischen Anwendung in der Fußpflege. Dabei werden die Füße in ein Wasserbecken gestellt, und dort knabbern die Fische verhornte Hautpartien von ihnen ab.

HUNDE LACHEN OFT, ABER MENSCHEN HABEN SCHWIERIGKEITEN, DAS LACHEN ZU DEUTEN, WEIL ES SICH WIE EIN SCHNAUFEN ANHÖRT.

Die Hundeforscherin Patricia Simonet stellte sich die Frage, ob Hunde lachen und wenn ja, wie sich das anhört. Zu diesem Zweck ging sie mit ihrem Forschungsteam in den Park und nahm die Geräusche von Hunden auf, während sie spielten. Ein immer wiederkehrendes Geräusch, das sie als ein „forciertes, tonloses Atmen durch den Mund" beschreibt, analysierte sie mit einem

Tonfrequenz-Spektografen. Obwohl es sich wie ein Hecheln anhörte, zeigte die Analyse, dass der Ton ganz anders aufgebaut war. Also spielte die Forscherin das „Hundelachen" testweise 15 Welpen vor, die alle freudig reagierten. Auch zeigten sich positive Reaktionen, wenn die Forscherin selbst wie ein Hund lachte. Es lohnt sich also, genauer hinzuhören, wenn ihr mit eurem vierbeinigen Begleiter spielt.

SHRIMPS UND GRUNDELN LEBEN IN WGS ZUSAMMEN.

Es handelt sich dabei um die erstaunliche Symbiose zweier Meeresbewohner, die beide von dieser Beziehung profitieren. Das ist bei Symbiosen nicht immer so – oft hat nur einer der beiden Partner etwas von dem Verhältnis; manchmal ist es auch für den einen von Vorteil und dem anderen ist es egal. Die Garnele lebt mit der Grundel zusammen in ihrem Bau. Als Gegenleistung bietet die Grundel der Garnele außerhalb des Baus Schutz vor Räubern. Sollte sich ein Raubfisch nähern, warnt die Grundel ihre Partnerin mit einer Bewegung der Schwanzflosse. Die fast blinde Garnele erkennt die Gefahr und kann sich in den Bau flüchten. Gleichzeitig brauchen die Grundeln die Fähigkeiten der Garnelen zum Bau der Unterkunft, denn die Fische legen ihre Eier in den Sand innerhalb der gemeinsamen Wohnung. Es lebt übrigens nicht irgendeine Grundel mit einer beliebigen Garnele zusammen, sondern es handelt sich um feste Beziehungen. Während die Grundel ihre Garnele optisch erkennt, benutzt die visuell eingeschränkte Garnele dafür ihren Geruchssinn.

ELEFANTEN SIND, WIE WIR MENSCHEN, EMPATHISCHE LEBEWESEN. SIE TRAUERN UM VERSTORBENE UND BERUHIGEN IHRE FREUNDE, WENN SIE GESTRESST SIND.

Studien über das Verhalten von Elefanten zeigen immer wieder empathisches Verhalten. So reagieren Elefanten stark auf tote Artgenossen. Sie versammeln sich, um die sterblichen Überreste zu untersuchen und an ihnen zu riechen. Bietet man ihnen andere Gegenständen oder Knochen an, beschäftigen sie sich weiterhin am längsten mit denen von anderen Elefanten. In Kenia wurden Elefanten dabei beobachtet, wie sie Jungtieren halfen, Hindernisse zu überwinden. Andere Forscher berichten von Elefanten, die Wunden von Artgenossen mit Wasser behandelten. Elefanten reagieren, wenn ein anderer Elefant aufgeregt ist, und beruhigen sich gegenseitig. Forscher kamen zu diesem Ergebnis, nachdem sie in einem Elefantencamp in Thailand eine Herde Elefanten beobachteten. Die Tiere interagierten stärker miteinander, wenn eines von ihnen Anzeichen von Stress zeigte. Die umstehenden Elefanten verhielten sich bei einem beunruhigenden Ereignis ähnlich wie das gestresste Tier und beruhigten sich danach gegenseitig mit liebevollen Gesten, wie Streicheln mit dem Rüssel.

KATZEN HABEN DUFTDRÜSEN IM GESICHT, DIE EIN PHEROMON FREISETZEN. WENN SIE SICH AN UNS REIBEN, SAGEN SIE UNS DAMIT, DASS WIR IHNEN UND SIE UNS GEHÖREN.

Katzen markieren ihr Revier durch Duftstoffe. Diese werden von mehreren Drüsen produziert. Der französische Forscher Patrick Pageat fand heraus, dass das Sekret bis zu 40 verschiedene Chemikalien enthalten kann. Auch am Kopf hat die Katze mehrere solcher Duftdrüsen. Möchte eine Katze einen Gegenstand in ihrem Revier markieren, reibt sie sich daran, um ihn mit ihrem Duft zu versehen. Nichts anderes passiert, wenn eine Katze angelaufen kommt, um sich an euch zu reiben – ihr werdet unsichtbar markiert. Andere Katzen sollen so wissen: Pfoten weg, das ist meiner! Die Drüsen liegen praktischerweise auch an Stellen, an denen sich Katzen sehr gerne von ihren Besitzern kraulen lassen, was für eine weitere Verteilung von Duftstoffen sorgt. Aus der Perspektive einer Katze gehört sie also nicht euch, sondern ihr gehört zur Katze. Und das wissen alle anderen Katzen der ganzen Nachbarschaft jetzt auch.

ORCAS, DIE MIT DELFINEN IN GEFANGENSCHAFT LEBEN, KÖNNEN DEREN KOMPLIZIERTE SPRACHE ERLERNEN UND BENUTZEN SIE AUCH.

D ass Delfine schlaue Tiere sind, ist mittlerweile bekannt. Spätestens seit *Free Willy* erfreuen sich auch die ehemals als Killerwale verschrienen Orcas großer Sympathien. Die intelligenten Jäger unterhalten sich mit verschiedenen Zisch- und Pfeiflauten – mehrere Dialekte sind inzwischen dokumentiert. Vor kurzem haben amerikanische Zoologen herausgefunden, dass die schwarz-weißen Schwertwale sogar Fremdsprachen lernen können. Orcas, die bei SeaWorld in San Diego mit Delfinen zusammenlebten, beherrschten nämlich die komplexe Klicksprache der Delfine. Als den Flippern von ihren Pflegern neue Laute beigebracht wurden, schnappten die Orcas diese neuen Vokabeln sofort auf. Auch in einem anderen Aquarium konnten die Wissenschaftler Gespräche zwischen Orcas und Delfinen belauschen. Vermutlich hilft die Sprachbegabung den Meeressäugern, auch in fremden Gewässern schnell Kontakte zu knüpfen. Vielleicht sind Delfine aber auch einfach gute Lehrer. Immerhin bezeichnet man ihre Herden als Schulen.

?! **SCHON GEWUSST?** Orcas, die delfinisch lernen, beweisen Sprachtalent. Ein Graupapagei ging noch weiter: „Alex" lernte von seiner Besitzerin, der Tierpsychologin Irene Pepperberg, die englische Sprache. Er plapperte die Worte nicht nur nach, sondern verwendete sie passend zur Situation. Er suchte sich zum Beispiel sein Futter oder seine Spielsachen aus. Manche Wörter schnappte er von Pepperberg und ihren Kollegen auf, ohne dass sie ihm erklärt wurden. So überraschte er die Forscher mit „wanna" (ich will), „I'm sorry" (tut mir leid), „see you tomorrow" (bis morgen) und „I love you". Er konnte einfache Sätze bilden, Gegensätze erkennen und bis sieben zählen. Alex starb 2007 an Arteriosklerose. Sein Sprachschatz entsprach etwa dem eines dreijährigen Menschenkindes. Im Tierreich sind einige Sprachkünstler bekannt. Rabenvögel, Stare und Papageien ahmen interessante Geräusche und Wörter rasch nach. Manche Menschenaffen haben die Grundlagen der Gehörlosensprache gelernt. Das Sprachlevel von Alex hat bisher kein anderes Tier erreicht. Unmöglich ist es aber nicht – was zu beweisen war.

KATZEN KÖNNEN ANDEREN KATZEN BLUT SPENDEN.

Dass man mit einer Bluttransfusion Menschenleben retten kann, wissen die meisten. Doch auch Katzen verlieren Blut bei Unfällen, Operationen oder Krankheiten. Und ebenso wie beim Menschen kann zumindest eines ihrer sieben Leben durch eine Bluttransfusion gerettet werden. In vielen deutschen Städten gibt es dafür Blutbanken, und wie beim menschlichen Pendant gibt es auch hier Voraussetzungen, die erfüllt werden müssen: Katzen, die Blut spenden, sollten nicht älter als zehn Jahre alt sein und mindestens vier Kilo wiegen. Bevor sie in die Datei aufgenommen werden können, wird ihr Blut auf ansteckende Krankheiten untersucht und ihre Blutgruppe bestimmt. Ist die Katze erst einmal in die Spenderkartei aufgenommen, darf sie bis zu vier Mal im Jahr Blut spenden. Ob sie stolz darauf ist, etwas Gutes getan zu haben, wissen wir nicht. Aber einen Snack gibt es (neben den Untersuchungen) gratis. So haben Katze und Besitzer etwas davon.

HUNDE KÖNNEN ERKENNEN, DASS WIR TRAURIG SIND, UND WOLLEN DANN OFT MIT UNS KUSCHELN, UM UNS AUFZUMUNTERN.

Hundebesitzer haben es eigentlich schon immer gewusst: An schlechten Tagen ist der beste Trost, den sich ein Mensch wünschen kann, ein mitfühlender Hundeblick. In der Wissenschaft vertrat man allerdings die Meinung, dass die Reaktion des scheinbar tröstenden Hundes nichts mit Mitgefühl zu tun haben kann. Zwei Forscherinnen vom psychologischen Institut der Londoner Goldsmiths-Universität haben in ihrer Studie aber herausgefunden, dass Hunde sehr wohl auf Zeichen von Unglücklichsein reagieren, und das ohne Hinblick auf ihre eigenen Vorteile. Dabei wurden 18 Hunde verschiedener Rassen jeweils mit weinenden, summenden oder ruhig redenden Menschen konfrontiert. Die Hunde schenkten den weinenden Probanden ihre Aufmerksamkeit, gingen auf sie zu oder ließen sich streicheln – und dies auch in Fällen, in denen ihr eigener Besitzer die zweite, nicht weinende Person war. Dies lässt darauf schließen, dass die Hunde auf die Emotionen der Menschen reagierten, ohne auf die eigenen Interessen einzugehen. Ein klares Zeichen von Empathie.

Wölfe und Raben verbindet in der Tat mehr als eine reine Zweckgemeinschaft. So wurde schon oft beobachtet, wie die Tiere scheinbar miteinander spielten. Die Raben pickten den Wölfen in den Schwanz, flogen dann ein kurzes Stück davon und wiederholten den Spaß aufs Neue. Trotzdem jagen beide Arten auch gemeinsam. Schon die amerikanischen Ureinwohner bezeichneten die Raben als die „Augen der Wölfe". Die Raben fliegen voraus und zeigen an, wo es Beute oder Kadaver gibt. Ebenso warnen sie vor Angreifern. Junge Wölfe lernen daher schon früh, die verschiedenen Rufe der Raben auseinanderzuhalten. Zur Belohnung bedienen die Raben sich dann nicht zu knapp. Forscher stellten sogar die Vermutung auf, dass Wölfe nur deshalb im Rudel jagen, damit sie von der erlegten Beute nicht den Großteil an die Raben abtreten müssen. Mit anderen Raubtieren teilen Raben die Beute nicht. Bären oder Pumas würden eine tödliche Gefahr für den Raben darstellen. Nur sein Freund der Wolf lässt ihn gewähren.

WO ES WÖLFE GIBT, GIBT ES AUCH RABEN. ES SCHEINT, ALS WÜRDEN DIE RABEN DEN WÖLFEN NUR FOLGEN, WEIL SIE SIE GERN HABEN.

DER HONIGANZEIGER IST EINE VOGELART, DIE MIT DEM MENSCHEN KOOPERIERT, INDEM SIE BIENENNESTER AUFSPÜRT.

Symbiosen gibt es nicht nur zwischen verschiedenen Tierarten, sondern auch der Mensch macht sich die Fähigkeiten von Tieren zunutze. In Afrika gibt es einen Wildvogel, der Menschen bei der Nahrungssuche unterstützt: den Honiganzeiger. Wie der Name schon sagt, führt er uns zu Honigquellen. Eine Studie der Biologin Claire Spottiswoode von der University of Cambridge hat sich mit der Effektivität der Zusammenarbeit zwischen Vogel und Mensch beschäftigt. Dafür studierte sie die Honigsammler des Volkes der Yao in Mosambik. Ergebnis: Beide Partner profitieren von der Zusammenarbeit. Der Vogel ist zwar besser im Aufspüren des Honigs, aber er kann den Bienenstock nicht öffnen. Das erledigt der Mensch für ihn. Er entnimmt den Honig, und dem Vogel bleiben die leckeren Waben als Nahrung übrig. Wenn es an der Zeit ist, gibt der menschliche Honigsammler dem Vogel ein Signal, und der erscheint dann fast immer. Da verschiedene afrikanische Völker unterschiedliche Lockrufe entwickelt haben, versuchen die Forscher nun herauszufinden, wie junge Honiganzeiger-Vögel lernen, dieses Signal zu erkennen.

WENN HUNDE IHREN KOPF NEIGEN, VERSUCHEN SIE, UNS BESSER ZU VERSTEHEN.

Hunde sind nicht nur sprichwörtlich die besten Freunde des Menschen. Langzeitexperimente haben gezeigt, dass ihre Fähigkeit, uns zu verstehen und auf uns einzugehen, bereits in ihren Genen angelegt ist. Forscher haben außerdem getestet, ob Hunde in der Lage sind, unsere Gefühle von unseren Gesichtern abzulesen. Das Ergebnis: Hunde können ein fröhliches von einem ärgerlichen Gesicht sogar dann unterscheiden, wenn sie das Gesicht noch nie zu vorher gesehen haben. Warum nun der schiefe Kopf? Ganz einfach: Die Schnauze des Hundes ist ihm im Weg. Um das Gesicht ihres Herrchens oder Frauchens besser sehen zu können, müssen Hunde ihre Köpfe drehen. Das fand der Psychologe Stanley Coren durch eine Umfrage unter Hundebesitzern heraus. Herrchen und Frauchen, deren Tiere kurze Schnauzen haben, gaben an, dass die Tiere ihre Köpfe wesentlich seltener drehten, wenn sie angesprochen wurden.

STRAUSSE UND ZEBRAS LEBEN OFT ZUSAMMEN, UM SICH VOR RAUBTIEREN ZU SCHÜTZEN.

S trauße können viel besser sehen als Zebras; Zebras können wiederum Gefahr besser hören oder riechen als Strauße. Und so sieht man in der afrikanischen Savanne häufig Zebraherden, in denen ein oder mehrere Strauße mitlaufen. Nähert sich Gefahr in Form von Löwen, Geparden, Leoparden oder Hyänen, hat dies je nachdem der Strauß zuerst gesehen (er kann sehr weit schauen), oder eines der Zebras hat es gerochen oder gehört. Die Tiere warnen sich dann gegenseitig und können weglaufen. Eine symbiotische Beziehung, die beiden Tierarten nur Vorteile bringt!

PFERDE ERINNERN SICH AN DIE MENSCHEN, DIE GUT ZU IHNEN WAREN.

Nicht nur Elefanten vergessen nicht: Forscher fanden heraus, dass Pferde ein bemerkenswertes Langzeitgedächtnis besitzen. 26 Pferde wurden in zwei Gruppen trainiert, in der einen durch positive Bestätigung, in der anderen durch negative. Nach zwei Jahren absolvierten alle Pferde die Übung fehlerfrei und erinnerten sich jeweils genau an ihre jeweiligen Übungsbedingungen. In einer anderen Studie mit drei Pferden hielt das Langzeitgedächtnis sogar zehn Jahre lang. Gute wie auch schlechte Erlebnisse vergessen Pferde also nicht. Dazu kommt, dass Pferde Menschen erkennen, die sich oft um sie kümmern. Dies bewies eine weitere Studie, die testete, ob Pferde bekannte und unbekannte Menschen anhand von Stimme, Geruch oder Anblick wiedererkannten. Solltet ihr euch also lange gut um ein Pferd gekümmert haben, könnt ihr davon ausgehen, dass das Pferd sich auch Jahre später daran erinnern wird.

Die Mimik und Gestik seines Gegenübers zu verstehen, ist nicht nur bei Menschen äußerst wichtig. Auch im Umgang mit unseren Stubentigern kann es hilfreich sein, ein paar Umgangsformen zu kennen und zu wahren. So sollte man z.B. wissen, dass es unter Katzen als Zeichen von Aggressivität gilt, sich zu lange in die Augen zu starren. Im Umkehrschluss hält eine zufriedene und entspannte Katze nur kurz Blickkontakt, blinzelt dann oder schaut wieder weg. So signalisiert sie eine wohlige Gelassenheit in unserer Gegenwart. Um es seiner Katze gleichzutun, sollte man daher auf zu langen Blickkontakt verzichten. Dies ist übrigens auch der Grund für das häufig zu beobachtende Verhalten, bei dem sich Katzen scheinbar instinktiv zu dem Gast hingezogen fühlen, der kein „Katzenmensch" ist: Solche Personen schenken ihnen wenig Aufmerksamkeit bzw. schauen sie kaum an. Eine echte Einladung für jede Katze, es sich entspannt – dominant – auf dem Schoß des Gastes gemütlich zu machen.

WENN EINE KATZE IHRE AUGEN LANGSAM SCHLIESST UND WIEDER ÖFFNET ODER DICH ANZWINKERT, BEDEUTET ES, DASS SIE DIR VERTRAUT UND DICH ALS FREUND ANERKENNT.

ES GIBT KRABBEN, DIE SEEANEMONEN WIE BOXHANDSCHUHE AN BEIDEN VORDERZANGEN TRAGEN.

Wenn zwei kleine Wesen sich zusammentun, können sie etwas ganz Großes werden. So geschehen bei der kleinen Boxerkrabbe und der Seeanemone. Die ungefähr zwei Zentimeter kleine Boxerkrabbe lebt im flachen Wasser auf sandigem und kiesigem Meeresboden, wo sie sich in Korallenriffen verstecken kann, wenn Gefahr droht. Die Hauptfeinde der Krabbe sind Kraken. Zur Abschreckung ihrer großen Feinde heftet sich die kleine Krabbe je eine Seeanemone an ihre Scheren, die dann aussehen wie Boxhandschuhe. Daher hat die Krabbe ihren Namen. Einen zweiten Namen, Pom-Pom-Krabbe, hat sie daher, dass sie ihre Scheren wild hin und her bewegt, wenn sie sich verteidigt – dann sehen die Anemonen an ihren Scheren aus wie die Puschel von Cheerleadern. Aber auch die Seeanemonen profitieren von ihrer Beziehung mit den Boxerkrabben, denn diese versorgen die Anemonen mit Futter, an das sie allein nicht herankommen würden. Wenn keine Boxerkrabbe ihre Wege kreuzt, tun sich Seeanemonen auch mit Clownfischen oder Garnelen zusammen.

HUNDEBESITZER LACHEN HÄUFIGER ALS KATZENBESITZER ODER MENSCHEN OHNE TIERE.

Von dem französischen Schriftsteller Nicholas Chamfort stammt das berühmte Zitat „Der verlorenste aller Tage ist der, an dem man nicht gelacht hat." Aber verlieren Hundebesitzer tatsächlich weniger Tage als Menschen, die mit anderen oder ganz ohne Haustiere leben? Glaubt man einer Studie aus dem Fachmagazin *Society and Animals*, ist genau das der Fall. Hier wurde verglichen, wie oft Menschen lachen, die mit Hunden, Katzen, beiden Tierarten oder ganz ohne Haustiere leben. Zunächst stellte sich heraus, dass Tierhalter im Allgemeinen mehr lachen als Menschen ohne Haustiere. Und tatsächlich sind es jene Personen, die mit Hunden (oder Hunden und Katzen) leben, die am häufigsten lachen. Aber was löst diese Freude aus? Psychologen haben beobachtet, dass wir vor allem mit oder über unsere Hunde lachen, wenn sie Dinge tun, die wir nicht vorhersehen konnten – wenn sie übereifrig agieren oder wenn ihnen Dinge misslingen. Ein Besuch auf der Hundewiese lohnt sich also immer an einem trüben Tag. Und wer auf Nummer sicher gehen will, wirft dem Hund gleich zwei Bälle zu – und wartet ab, was passiert.

AMEISEN ZÜCHTETEN PFLANZEN SCHON LANGE, BEVOR MENSCHEN DAS TATEN.

Es gibt auch Symbiosen zwischen Tieren und Pflanzen. Manche Ameisen halten sich Vieh: Sie melken die süßen Absonderungen von Blattläusen. Manche Gewächse bilden Hohlräume, damit Ameisen darin Nester bauen. Als Gegenleistung schützen die Ameisen die Pflanze vor Schädlingen. Eine neu entdeckte Symbiose geht aber noch darüber hinaus: Auf den Fidschi-Inseln sammelt eine Ameisenart die Samen einer Pflanze, um sie in die Ritzen einer bestimmten Baumart zu säen. Diese Bäume bieten den Ameisen zwar Nektar, aber keinen Schutz. Das übernehmen die selbst gesäten Pflanzen: Sie bilden kleine Hohlräume, in denen die Ameisen ihr Geschäft machen; dadurch erhalten die Pflanzen die Nährstoffe, die sie nicht aus dem Boden aufnehmen können. Sind die Pflanzen erst einmal großgezogen, können die Ameisen in großen Hohlräumen nisten. Oft gibt es dutzende von Behausungen auf einem Baum, alle durch Ameisenstraßen miteinander verbunden. Susanne Renner und Guillaume Chomski von der Ludwig-Maximilians-Universität in München konnten mithilfe genetischer Analysen nachweisen, dass die Ameisenart und die Pflanze nicht mehr ohne einander existieren könnten und dass ihre Symbiose bereits seit etwa drei Millionen Jahren existiert.

AUF DEM HOHEN ROSS
DIE ANGEBER UND COOLEN

Manche Tiere sind einfach nur lässig. Ihnen kann keiner was – wie dem Tiger, dessen Gebrüll so markerschütternd ist, dass es andere einfach lähmt. Oder sie sind einfach so cool und tiefenentspannt, dass sie 18 Stunden am Tag schlafen – wie die Katze.

HAIE WAREN SCHON VOR BÄUMEN AUF DER ERDE: DIE ERSTEN HAIE TAUCHTEN VOR 400 MILLIONEN JAHREN AUF, DIE ERSTEN BÄUME GAB ES ERST VOR 356 MILLIONEN JAHREN.

Die prähistorische Erdgeschichte wird in Zeitsysteme unterteilt. Die vier ersten Systeme im Erdaltertum, das vor etwa 541 Millionen Jahren begann und vor etwa 252 Millionen Jahre endete, heißen Silur, Devon, Karbon und Perm. Ancanthodii, die ersten haiähnlichen Fische, gab es bereits im Silur, das vor 420 Millionen Jahren endete. Ihre Nachkommen waren unter anderem die Cladoselachen, eine Haiart, deren gut erhaltene Fossilien in Ohio, USA, entdeckt wurden. Sie lebten im Devon, das den Zeitraum bis vor etwa 360 Millionen Jahren umfasst. Der älteste Baum tauchte erst im mittleren Devon das erste Mal auf. Diese Pflanzenart names Wattieza war etwa 30 Meter hoch und sah aus wie eine Palme. Ihre Vorläufer waren Halmgewächse und Farne, die in der nächsten Evolutionsstufe zu Samenpflanzen wurden.

?! **SCHON GEWUSST?** Der bekannteste prähistorische Hai ist der Megalodon – so bekannt, weil er immer wieder gern in Trash-Horror-Schockern wie *Megalodon* (2004) oder dem von RTL produzierten *Hai-Alarm auf Mallorca* (2003) als menschenfressendes Monster verwendet wird. Gegen seine oben beschriebenen Artgenossen ist der Megalodon jedoch geradezu jugendlich: Es wird vermutet, dass er erst vor etwa 20 Millionen Jahren lebte – und mit der Repräsentation auf der Leinwand höchstwahrscheinlich nur sehr wenig gemeinsam hatte.

BIENEN SIND GAR NICHT SO FLEISSIG, WIE MAN IMMER SAGT.

Bienen sind nicht faul, haben jedoch längst nicht so viel zu tun, wie immer angenommen. Arbeiterinnen, die Nektar sammeln, tun das nur, solange es draußen hell ist. Geht die Sonne unter, ist auch im Bienenstock Feierabend. An Regentagen sowieso, denn Bienen bleiben bei nassem, kaltem Wetter zu Hause, um sich gegenseitig zu wärmen. Aber auch sonst verlassen sie nur zwei- bis dreimal täglich den Bienenstock. Und überhaupt arbeiten sie nur dann, wenn es wirklich nötig ist. Allerdings müssen Arbeite-rinnen auch mal Überstunden schieben, wenn draußen beispielsweise besonders viele Blumen in voller Blüte stehen. Drohnen, die männlichen Bienen, sind geradezu faul – sie verlassen den Bienenstock erst am frühen Nachmittag und kehren schon ein paar Stunden später zurück, um sich dann von den Arbeiterbienen versorgen zu lassen. Wir überlassen euch an dieser Stelle eventuelle Vergleiche mit der Menschenwelt.

DIE PFERDE, DIE AN OLYMPISCHEN SPIELEN TEILNEHMEN, HABEN EIGENE REISEPÄSSE UND FLIEGEN BUSINESS CLASS.

Wettkampfpferde sind das Fliegen gewöhnt. Bei Olympischen Spielen haben sie nur mehr vierbeinige Mitflieger, denn schließlich müssen Pferde aus allen möglichen Nationen an den Wettkampfort, zuletzt Rio de Janeiro, geflogen werden. Dafür werden in der Regel Frachtflugzeuge verwendet, in die dann 30 bis 50 Pferde verladen werden, immer zwei in einer Box. Da die oft hochdekorierten Tiere sehr wertvoll sind, wird für ihr Wohlbefinden natürlich alles getan: Die Flieger starten und landen nicht so steil wie Passagiermaschinen; es gibt Begleitpersonen und Ärzte an Bord sowie genug zu essen und zu trinken. Ansonsten brauchen die Tiere nicht viel; sie dösen während des Fluges vor sich hin, schließlich wackelt es weniger als im Autoanhänger. 20.000 Euro kostete der Flug nach Rio pro Pferd. Ein eigener Reisepass und ein Gesundheitszeugnis sowie ein Mikrochip sind für die Pferde sehr wichtig, denn sonst hätte man sie nicht einreisen lassen (und vielleicht gar verwechselt).

DIE ZUNGE EINES TIGERS IST SO RAU, DASS SIE BEIM LECKEN FLEISCH VOM KNOCHEN TRENNEN KANN.

Für Katzenbesitzer dürfte dies keine große Überraschung sein. Sie kennen die rauen Zungen ihrer Stubentiger, mit denen die ihr Fell reinigen, Flüssigkeit aufnehmen und bei Gelegenheit auch ihren Besitzern über die Hand reiben. Und auch der große Artverwandte, der Tiger, besitzt eine raue Zunge, auf deren Oberfläche sich kräftige Widerhaken befinden. Wildkatzen benutzen ihre Zunge ebenso zur Fellreinigung und Aufnahme von Flüssigkeit wie ihre domestizierten Verwandten. Die nach hinten gebogenen Dornen auf dem ersten Drittel der Zunge sind aber so stark, dass Tiger damit tatsächlich Fleischreste von den Knochen ihrer Beute abschaben können. Trotzdem haben wir menschlichen Naschkatzen den Tigern eines voraus: Der Panthera Tigris kann mit seinen Geschmackspapillen lediglich sauer, bitter und salzig schmecken. Süße Nahrung kommt ihm einfach zu selten auf seine Reibeisenzunge.

IM ZWEITEN WELTKRIEG DIENTE EIN BÄR ALS SOLDAT.

Dieser Braunbär, von seiner Mutter verlassen, wurde 1942, ca. ein Jahr alt, im Iran gefunden. Er gelangte zu den dort stationierten polnischen Truppen, die ihn als Maskottchen „adoptierten" und ihm den Namen Wojtek gaben. Als das Korps 1944 nach Italien verschifft wurde, um in der berühmten Schlacht um Monte Cassino zu kämpfen, wollte man Wojtek zunächst nicht an Bord lassen, da Tiere dort nicht gestattet waren. So machte man ihn kurzerhand zum offiziellen Mitglied des Korps, und als „Unteroffizier Wojtek" durfte er schließlich mitkommen.

Durch seine Konditionierung auf Menschen (nicht gerade artgerecht bekam er sogar Zigaretten und Schnaps) war er sehr anhänglich und sorgte für gute Moral in der Truppe. Außerdem brachte man dem 1,80 m großen, 220 kg schweren Bären bei, während der Schlacht schwere Kisten mit Mörsergranaten zu tragen. Nach dem Krieg fand Wojtek eine Heimat im Zoo von Edinburgh. Bis zu seinem Tod 1963 – und darüber hinaus – blieb er unvergessen. Viele ehemalige Kriegskameraden besuchten ihn. Manche warfen ihm, der alten Zeiten wegen, sogar Zigaretten ins Gehege …

SCHON GEWUSST? Tiere müssen seit Jahrtausenden mit den Menschen in den Krieg ziehen. Am häufigsten werden sie dabei natürlich als Reit- oder Lasttiere gebraucht. Noch bis zum Ersten Weltkrieg waren Pferde, Esel, Elefanten oder Kamele unentbehrlich – 1917 waren allein über eine Million britische Pferde im Kriegseinsatz. Um die Giftgasangriffe in den Schützengräben zu überstehen, bekamen sie eigene Gasmasken. Vor dem Zeitalter der modernen Kommunikation wurden auch häufig Brieftauben zur Übermittlung von Nachrichten eingesetzt. Heute helfen trainierte Delfine und Seelöwen beim Aufspüren von Minen.

KÄNGURUS ZIEHEN SICH INS WASSER ZURÜCK, WENN SIE VERFOLGT WERDEN. DORT KÖNNEN SIE IHREN VERFOLGER UNTER WASSER DRÜCKEN, UM IHN ZU ERTRÄNKEN.

Kängurus leben ein relativ sorgenfreies Leben: Kaum ein Raubtier kann ihnen in ihrer Heimat gefährlich werden, denn alle ihre ursprünglichen natürlichen Feinde, wie der Beutelwolf oder der Beutellöwe, sind ausgestorben. Inzwischen stellen, neben der Jagd durch den Menschen, vor allem zugewanderte Tierarten wie der Dingo und wilde Hunde die größte Bedrohung für die Beuteltiere dar. Ist ein Gewässer in der Nähe, haben die Kängurus eine sehr effektive Verteidigungsstrategie entwickelt. Sie können nämlich ziemlich gut schwimmen, indem sie im Wasser mit ihren kräftigen Hinterbeinen paddeln. Bei einer Bedrohung durch einen Hund flüchten sie daher ins brusthohe Wasser. Attackiert sie der Verfolger, drücken sie diesen mit ihren kräftigen Vorderpfoten unter Wasser, bis er ertrinkt. Vor dieser Taktik des Kängurus wurde sogar bereits in einem Magazin für Jäger Mitte des 19. Jahrhunderts gewarnt: Es wurde dazu geraten, bei der Kängurujagd immer mindestens zwei Hunde einzusetzen.

DAS GEBRÜLL EINES TIGERS KANN BEUTETIERE UND AUCH MENSCHEN, DIE ES HÖREN, VOR SCHRECK LÄHMEN.

Die Erforschung von Tiergeräuschen nennt sich Bioakustik. Elizabeth von Muggenthaler ist Forscherin in diesem Bereich und hat sich mit dem Gebrüll von Tigern beschäftigt. Sie und ihr Team nahmen die Geräusche von 24 Tigern in einem Reservat in Pittsboro, North Carolina auf und analysierten sie. Dabei fand sie heraus, dass Tiger in der Lage sind, Geräusche mit einer Frequenz von unter 20 Hertz zu produzieren. Dies ist ein Bereich, den man Infrasound nennt und der unter der Grenze der menschlichen Wahrnehmung liegt. „Wenn ein Tiger brüllt, rüttelt es auf und man ist wie gelähmt", meint von Muggenthaler. „Wir nehmen an, dass dies mit der Lautstärke und der niedrigen Frequenz des Gebrülls zusammenhängt."

Katzen schlafen mehr als viele andere Säugetiere. Nur Faultiere und Fledermäuse verbringen noch mehr Zeit schlafend. Das gilt für unsere Stubentiger genauso wie für ihre Artverwandten, die Großwildkatzen in Savanne und Dschungel. Nach einer guten Mahlzeit können Löwen auch mal 24 Stunden am Stück ein Nickerchen halten. Der Grund dafür ist nicht genau erforscht. Es wird vermutet, dass Katzen ihre Energie für das anstrengende Jagen aufsparen und dass junge Kätzchen schneller lernen, wenn sie viel schlafen. Das zeigte eine Studie, in der Kätzchen, die nach visueller Simulation sechs Stunden schlafen durften, doppelt so viele neue Verknüpfungen im Hirn bildeten als ihre Artgenossen, die man wachhielt. Am wachsten sind Katzen in der Dämmerung, da diese Zeit ideal für die Jagd ist. Auch Hauskatzen, die noch nie eine Maus, geschweige denn eine Antilope, erlegt haben, leben nach diesem Rhythmus.

KATZEN SCHLAFEN BIS ZU 18 STUNDEN AM TAG.

FLUSSPFERDE NUTZEN IHREN SCHWEISS ALS SONNENSCHUTZ.

Bis zu fünf Zentimeter dick ist die Haut der Flusspferde. An der Oberfläche ist sie aber genauso anfällig für Sonnenbrand wie menschliche Haut. Zum Glück hat die Evolution den Dickhäutern eine körpereigene UV-Schutzlotion mitgegeben: Spezielle Drüsen scheiden eine zunächst farblose, später rot-orange Flüssigkeit aus, die beim Verdunsten nicht nur die Körpertemperatur der Flusspferde senkt, sondern sie auch stundenlang vor Sonnenbrand schützt. Ein japanisches Forschungsteam konnte nachweisen, dass zwei Farbpigmente für diesen Effekt verantwortlich sind. Die Forscher schrubbten stundenlang den Schleim vom Rücken der Hippos im Zoo von Tokio, um ihn im Labor zu analysieren. Dass Nilpferde eine rote Flüssigkeit schwitzen, war schon in der Antike bekannt. Damals hielt man das dickflüssige rote Sekret, das nach einigen Stunden zu einer bräunlichen Kruste zerfällt, allerdings für Blut. Dank der wagemutigen Japaner wissen wir es jetzt besser. Welchen Lichtschutzfaktor Hippo-Schweiß hat, haben die Wissenschaftler allerdings nicht verraten.

?! **SCHON GEWUSST?** Flusspferde sind nicht die einzigen Tiere, die eigene Sonnenschutzstrategien entwickelt haben. Steinkorallen zum Beispiel lassen ihren Sonnenschutz von Algen herstellen, und auch die Fische, die sich von diesen Korallen ernähren, profitieren vom UV-Schutz aus den Algen. Das ist wichtig, denn im flachen Wasser werden die Sonnenstrahlen wie durch ein Brennglas gebündelt. Auf solche chemischen Wirkstoffe können aber nur wenige Tiere zurückgreifen. Zum Glück gibt es noch andere Tricks: Eisbären zum Beispiel passen den Winkel ihres Fells an die Lichtverhältnisse an. Bei wenig Licht stellen sie die Haare auf, um möglichst viel Sonne an ihre dunkle Haut zu lassen. Im Polarsommer dagegen legen sie die Haare eng an, damit die Mitternachtssonne ihnen nicht den Pelz verbrennt. Das weiße Fell reflektiert die Sonnenstrahlen dann nahezu vollständig. Elefanten haben weder ein Sonnenschutzsekret noch klappbares Fell. Sie müssen sich im Schlamm wälzen, um ihre erstaunlich empfindliche Haut zu schützen. Auch Schweine suhlen sich deshalb im Dreck.

FREGATTVÖGEL SCHLAFEN WÄHREND DES FLUGES MIT EINEM OFFENEN AUGE.

Im Schlaf viele Kilometer zurückzulegen und am nächsten Morgen ausgeruht das Ziel erreichen: Wir Menschen kennen das nur von einer Reise im Schlafwagen. Da haben uns die Fregattvögel einiges voraus. Laut einer Studie des Max-Planck-Instituts für Ornithologie können diese Vögel während des Fluges eine oder bisweilen sogar beide ihrer Gehirnhälften in eine Art Schlafmodus versetzen. Während sie tagsüber wach bleiben, um auch im Flug nach Nahrung zu suchen, zeigen die Gehirnströme der Vögel in der Nacht einen Schlafmodus an. Ist eine der Gehirnhälften

„heruntergefahren", schließen die Fregattvögel auch das dazugehörige Auge. Die Tiere nutzen dann die aufsteigenden Luftströme und halten immer das Auge offen, das in Flugrichtung blickt. So vermeiden sie Zusammenstöße mit anderen Vögeln. Übrigens dauert die längste Schlafphase während des Fluges sechs Minuten. Ob das uns Menschen für eine erholsame Nacht reichen würde, bleibt fraglich. Und da wären wir wieder bei der Nacht im Schlafwagen …

EIN STRAUSS HAT EINEN SO KRAFTVOLLEN TRITT, DASS ER DAMIT EINEN MENSCHEN ODER SOGAR EINEN LÖWEN TÖTEN KANN.

Jeder kennt die Redewendung vom Vogel Strauß, der den Kopf in den Sand steckt, sobald er Gefahr wittert. Doch dies ist ein Irrtum, der sich hartnäckig hält. Er entstand wohl durch die Beobachtung von Straußen, die sich bei drohender Gefahr flach auf den Boden legen, so dass man aus einiger Entfernung die Hälse und Köpfe der Tiere nicht mehr sehen kann. In Wahrheit ist der erste Instinkt des Straußes aber oft die Flucht vor angreifenden Löwen oder Leoparden. Der Strauß hat lange, kräftige Beine und dazu bis zu 10 cm lange Krallen an seinen Zehen. Dies ermöglicht es ihm, seinen Feinden mit bis zu 70 Kilometern pro Stunde davonzulaufen. Aber der Strauß kann auch kämpfen und dabei zu einem sehr gefährlichen Gegner werden. Mit seinen starken Beinen und scharfen Krallen versetzt er seinem Gegner gezielte Tritte, die so stark sind, dass sie für einen Menschen oder Löwen tatsächlich tödlich enden können.

Wer mal in Puerto Rico oder auf Jamaika im Urlaub war und dort auf eine (männliche) Anolis-Echse gestoßen ist, hat vielleicht ein lustiges Video davon mitgebracht: Die 10 bis 30 cm großen, oft leuchtend grünen Echsen machen eine skurrile Morgengymnastik. Zuerst vollführen sie vier bis fünf energische Liegestütze, wobei sie Vorderbeine und Kopf sehr theatralisch nach unten drücken und wieder hochreißen. Dann bewegen sie ruckartig den Kopf und stellen ihren farbigen Kehllappen auf. Auf diese Weise wollen die Echsen besonders Nachbarn und Eindringlingen signalisieren: Hier ist mein Territorium, und auch die Weibchen darin gehören alle mir! Forscher fanden heraus, dass sie sich zu den auffälligen Liegestützen fast nur in der (Morgen-)Dämmerung aufraffen – einfach, weil sie dann sicher sein können, auch bei schlechter Sicht die Aufmerksamkeit ihrer Zuschauer zu erringen, was auch tatsächlich meist klappt. Anolis-Echsen sind auch beliebte Haustiere – wer eine hat, kann also zusammen mit seiner Echse Frühsport betreiben!

Bei Shakespeare taucht die Eule als Überbringer schlechter Nachrichten auf, bei Harry Potter bringt sie einfach nur die Post. In beiden Fällen lässt sich festhalten, dass der Anflug einer Eule – ob mit oder ohne Nachrichten – praktisch geräuschlos stattfindet. Forscher der Lehigh University in Bethlehem, USA, haben herausgefunden, wie die Eule zu ihrem Ruf als „lautloser Jäger" kommt. Gleich mehrere Eigenschaften ihrer Flügel helfen ihr dabei. Am Vorderrand sorgen steife Federn dafür, dass es zu weniger Luftverwirbelungen kommt, die bei anderen Vögeln als Schall hörbar werden. Darüber hinaus wirken die Federn an der Ober- und Hinterseite des Flügels wie eine Art zusätzlicher Schalldämpfer. Dieser nahezu lautlose Flug ermöglicht es der Eule, ihre Beute besser zu orten, während die ahnungslose Maus am Boden ihren Angreifer kaum hören kann. Tatsächlich ist die Mechanik eines Eulenflügels so ausgeklügelt, dass Wissenschaftler durchaus eine Übertragbarkeit auf Flugzeuge, Windturbinen oder Unterwasserfahrzeuge für möglich halten.

HIRSCHKÄFER HABEN ENORM STARKE KIEFER.

Ein (männlicher) Hirschkäfer hat im Verhältnis zu seiner Körpergröße durchaus eine ordentliche Beißkraft. Diese wird in Newton pro Quadratzentimeter (N cm^2) gemessen. Ein Mensch kann 800 N cm^2 erreichen, ein Hirschkäfer nur 9. Bildet man den Quotienten aus Beißkraft und Körpergewicht, erreicht der Mensch (bei 80 kg Gewicht) den Wert 10; der Käfer mit einem Gewicht von 1,36 g immer-

hin 2,19. Das ist gar nicht so schlecht: Der Tyrannosaurus Rex hatte auch nur einen Wert von 4,47 – wegen einer Beißkraft von 30.380 N cm^2 und eines Gewichts von 6.800 kg. Es sind die Oberkiefer, die so geweihartig ausgeprägt sind und dem Käfer seinen Namen geben. Mit diesen Zangen kaut er aber nicht, sondern kämpft hauptsächlich mit anderen Käfern. Und man fand heraus: Dafür, dass bei so langen Kiefern die Hebelwirkung eigentlich nicht sehr gut sein müsste, hat der Hirschkäfer wirklich eine erstaunliche Beißkraft – dank eines großen Kopfes und vieler Muskeln, die nur für die Kiefer zuständig sind.

SCHON GEWUSST? Die höchste Beißkraft aller heute lebenden Tiere hat der Weiße Hai. Sie beträgt 17.640 N cm^2, was einer Gewichtskraft von 1,8 Tonnen entspricht. Sein Quotient beträgt 5,05. Noch viel stärker konnte ein Vorfahr des Hais, das Megalodon, zubeißen, nämlich mit sagenhaften 176.000 N cm^2! Mit bis zu 20 Metern Länge war dieses Tier auch riesig groß – ein Weißer Hai kann „nur" bis zu 7 Meter lang werden. Zur Beruhigung für alle, die jetzt bereits die bedrohliche Filmmusik von *Der weiße Hai* hören: Weiße Haie greifen weltweit nur drei bis sieben Menschen pro Jahr an, und selbst diese Angriffe passieren möglicherweise „aus Versehen". Anders als die richtigen Beutetiere werden Menschen oft auch nur aus Neugier und eher zaghaft gebissen, sodass die volle Beißkraft nicht zum Einsatz kommt …

D ie wenigen Tiere, die sich nicht durch Sex fortpflanzen, sterben fast immer aus, da ja bei ihnen kein Genaustausch stattfindet. Diesen benötigt man aber, um sich durch einen neuen Genmix optimal an

BDELLOID-RÄDERTIERCHEN HABEN SEIT 80 MILLIONEN JAHREN KEINEN SEX MEHR UND EXISTIEREN IMMER NOCH.

die veränderlichen Lebensbedingungen anpassen zu können. Dachte man bis 2009: Damals fanden Wissenschaftler heraus, dass die 0,1 bis 0,5 mm großen Rädertierchen der Ordnung Bdelloida, die sich durch Jungfernzeugung fortpflanzen (es gibt nur weibliche Tiere!), prima ohne Sex zurechtkommen. Sie können nämlich (durch Fressen) Fremdgene aufnehmen – z.B. von Bakterien, Pilzen oder Pflanzen – und passend in ihr Genom einfügen. Außerdem sind sie in der Lage, lange Dürrezeiten zu überleben, indem sie ihre Chromosomen durcheinanderwürfeln und später, wenn es wieder Wasser gibt, neu arrangieren. Beides, Genklau und zeitweiliges Genchaos, scheint sie topfit zu machen. Nun wird noch erforscht, ob Bdelloida auch DNA ihrer eigenen Spezies fressen und in ihr Genom integrieren – das wäre dann irgendwie doch wieder so etwas Ähnliches wie Sex …

RENTIERE BEKOMMEN IM WINTER BLAUE AUGEN, UM SICH AN DAS WINTERLICHT ANZUPASSEN.

K omplett blaue Augen wie zum Beispiel ein Menschenbaby bekommen sie nicht, aber es stimmt: Ein Teil des Auges färbt sich im Winter blau, und zwar das sogenannte Tapetum lucidum, eine Schicht, die hinter der Netzhaut liegt. Im Sommer leuchtet diese Schicht golden, weil sie 95 Prozent des Lichts aus dem Auge heraus reflektiert – schließlich gibt es im nordischen Sommer extrem viel Sonnenlicht, sogar nachts! Im Winter hingegen fehlt das Licht auch tagsüber fast völlig, und deshalb wird das Tapetum lucidum in dieser Zeit etwas umgebaut: Seine Kollagenfasern rücken näher zusammen, sodass das wenige einfallende Licht sich in kürzeren Wellenlängen (die der Farbe Blau entsprechen) auf der ganzen Netzhaut und auf Fotorezeptoren verstreut und die Augen nur noch 40 Prozent des Lichts reflektieren. Dadurch wird die Lichtempfindlichkeit angeregt, sodass die Rentiere im Dunkeln besser sehen können. Herausgefunden haben das Forscher von der Universität Tromsø und dem University College London.

ES GIBT EINEN SCHMETTERLING, DER DURCHSICHTIGE FLÜGEL HAT.

Bekannt ist der Glasflügelfalter *Greta morgane* schon seit 1837. Er lebt in Mittelamerika und fasziniert durch seine Flügel, die bis auf einen schmalen Randbereich durchsichtig sind. Anders als bekannte durchsichtige Oberflächen reflektieren die Flügel kaum Licht, so dass der Falter im Flug nahezu unsichtbar ist. Wie das möglich ist, war lange ein Rätsel. Aber nun ist man im Karlsruher Institut für Technologie dem Geheimnis der Glasflügel auf die Spur gekommen: Unter dem Rasterelektronenmikroskop zeigten sich winzige Säulen, sogenannte Nanostrukturen, auf den Flügeln der Schmetterlinge. Sie sind unterschiedlich groß und unregelmäßig angeordnet. Dadurch ist es egal, aus welcher Richtung das Licht kommt: Es wird einfach geschluckt. Bei anderen durchsichtigen Materialien ist die Struktur regelmäßig; dadurch kommt es zu Lichtbrechungen und Reflexionen. Den Glasflügelfalter schützen die unregelmäßigen Nanostrukturen vor Fressfeinden. Die Karlsruher Forscher möchten das Prinzip nun für Brillen, Autofenster und Displays nutzbar machen.

?! **SCHON GEWUSST?** Manche Tiere scheinen Superkräfte zu haben. Etwa der Gecko, der an Wänden und sogar Glasscheiben hochlaufen kann. Oder der Schmetterling, von dessen Flügeln Schmutz und Regen einfach abperlen. Jesus-Christus-Echsen können sogar übers Wasser laufen (siehe S. 51). Übernatürliche Fähigkeiten? Natürlich nicht. Die Tiere profitieren von physikalischen Effekten. Der Gecko zum Beispiel hat Milliarden winziger Hautläppchen unter den Füßen. 0,0002 Millimeter klein sind die feinsten Borsten. Die Haftkräfte zwischen ihnen halten auch Moleküle zusammen und sind so stark, dass der Gecko sogar kopfüber laufen kann, ohne zu abzustürzen. Die Jesus-Christus-Echse hingegen überlistet die Schwerkraft durch perfekt ausbalancierte Bewegungen bei hoher Geschwindigkeit. Insekten profitieren vom Lotuseffekt: Durch einen großen Winkel zwischen Deckhaut und Wachsschichten sind ihre Flügel extrem wasserabweisend – aber auch druckempfindlich. Superhelden brauchen eben auch Schwachstellen.

PANDAS PINKELN IM HANDSTAND.

Das darf man sich aber nicht so vorstellen, dass der Bär einfach mitten auf freiem Feld plötzlich einen Handstand macht und drauflospinkelt. Nein, er pflegt einen Baum als Stütze zu benutzen und seine Duftmarken an den Baum zu setzen, und da kann man sich nun schon denken, warum um alles in der Welt er dazu in den Handstand geht: Die Duftmarke sollte möglichst weit oben am Baum sitzen. Dann denken nämlich sowohl die Rivalen als auch die paarungswilligen Weibchen: Boah, das muss ja ein richtig großer, stattlicher Pandamann sein! Rivalen bleiben dann dem Revier des groß erscheinenden Pandamännchens lieber fern; Pandaweibchen kommen hingegen neugierig näher und sind auch nicht enttäuscht, wenn das Männchen dann doch nicht so groß ist …

SEELÖWEN KÖNNEN EINEN TAKT HALTEN.

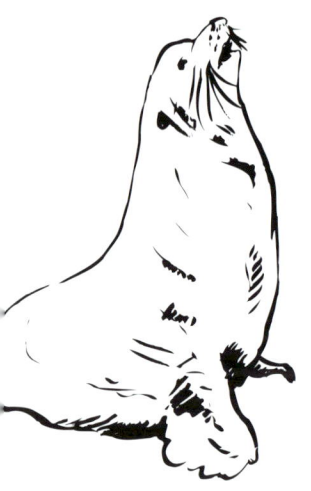

Bis vor einiger Zeit hatte man gedacht, dass es Tieren nicht möglich sei, ein den Menschen ähnliches Gefühl für Rhythmus zu entwickeln. Es gab zwar immer mal wieder musikalische Experimente mit Tieren, aber das waren Tiere, die menschliche Laute nachahmen können (nämlich Affen und Vögel), sodass die Forscher dies als Voraussetzung annahmen. Doch dann kam Ronan! Ronan ist ein Seelöwenweibchen, das in Kalifornien beim Meeresbiologen Peter Cook lebt. Zufälligerweise erforscht der das Rhythmusverhalten von Tieren, und er brachte der aufgeweckten Seelöwendame bei, ihren Kopf rhythmisch zur Musik zu bewegen. Das dauerte ein wenig – aber nicht, weil Ronan keinen Rhythmus im Blut hätte, sondern weil sie zunächst einfach nicht kapierte, was der Forscher von ihr wollte. Doch dann gab es kein Halten mehr: Ronan kann zu jedem Musikstück mitwippen, ob langsam oder schnell. Ihre Lieblingslieder sind „Boogie Wonderland" von Earth, Wind & Fire und „Everybody" von den Backstreet Boys– zu bestaunen in Internetvideos.

EULEN HABEN AN JEDEM AUGE DREI AUGENLIDER.

Wenn Eulen schlafen wollen, ziehen sie, wie andere Vögel auch, die unteren Augenlider nach oben über die Augen. Anders als alle anderen Vögel können sie aber auch ihre oberen Augenlider herunterklappen. Das machen sie, wenn sie erregt sind – eine Art Blinzeln. Das dritte Augenlid ist die sogenannte Nickhaut, die viele Tiere besitzen. Sie ist eine dünne, durchsichtige Haut, die am inneren Augenrand liegt und sich bei Bedarf diagonal über das Auge zieht. Sie soll das Auge feucht und sauber halten und vor äußeren Einflüssen schützen. Kurz bevor Eulen sich auf ihre Beute stürzen, ziehen sie die Nickhaut über die Augen. So können sie immer noch etwas sehen, sind aber vor Angriffen auf ihre Augen geschützt. Da Eulen ihre Augenlider unabhängig voneinander und abwechselnd bewegen können, sieht es manchmal aus, als würden sie uns zuzwinkern.

IN AFRIKANISCHEN KAFFERNBÜFFELHERDEN WIRD ABGESTIMMT, WO ALS NÄCHSTES GEGRAST WIRD. ABER NUR WEIBLICHE BÜFFEL DÜRFEN ABSTIMMEN.

Dies fand der Forscher David Sloan Wilson in den 1990er Jahren heraus. Er hatte große Büffelherden bei ihren Ruhepausen beobachtet und bemerkt, dass die Weibchen immer mal wieder aus ihrer liegenden Position aufstanden, ein wenig in eine bestimmte Richtung starrten und sich dann wieder hinlegten. Zuerst dachte er, sie würden sich bloß die Beine vertreten, doch dann fiel es ihm wie Schuppen von den Augen: Die Büffel äußerten mit dieser Bewegung ihre Meinung! Die Richtung, in die eine Kuh schaute, war die Richtung, in die sie gerne gehen wollte. Tatsächlich ließ sich daraufhin exakt vorhersagen, wohin die Tiere als Nächstes wandern würden, nämlich in die Richtung, in die die Mehrheit der Tiere geschaut hatte. Nur die Kühe stimmen ab – auch die, die von der Rangordnung her eher untergeordnet sind. Kann sich die Herde einmal gar nicht einigen, spaltet sie sich einfach auf und wandert in verschiedene Richtungen. Da ist man ziemlich entspannt – man kann sich ja später wieder zusammenfinden.

EINE ECHSE IM SÜDAMERIKANISCHEN REGENWALD KANN ÜBERS WASSER LAUFEN.

Die Echse wird eben deshalb Jesus-Christus-Echse genannt – weil sie wie Jesus übers Wasser laufen kann. Ähnlich wie in der biblischen Geschichte scheint es sich hier um ein Wunder zu handeln. Natürlich sind einige Insekten bekannt, die sich auf dem Wasser fortbewegen können, aber die sind so leicht und klein, dass sie die Oberflächenspannung des Wassers nicht verletzen und daher nicht eintauchen. Die Jesus-Christus-Echse ist aber kein Leichtgewicht, sie bringt etwa 200 Gramm auf die Waage und ist um die 70 Zentimeter lang. Um sich vor Schlangen zu retten, kann sie bis zu 10 Meter auf dem Wasser laufen. Das schafft sie durch ihre enorme Geschwindigkeit: Die Wasseroberfläche wird fester, je schneller etwas darauf auftrifft und die Echse kann 1,50 Meter in der Sekunde darauf zurücklegen. Die Beine bewegt sie dabei mit einer sehr ausgefeilten Technik. Unterstützt wird die Fortbewegung auf dem Wasser noch durch eine spezielle Struktur der Füße: Unter denen bilden sich kleine Luftpolster, die für zusätzlichen Auftrieb sorgen. Die Wissenschaft ist so begeistert von der Jesus-Christus-Echse, dass sie jetzt nach ihrem Vorbild Roboter bauen will.

YAKS KOMMEN AUCH IN EINER HÖHE VON ÜBER 6000 METERN GUT KLAR.

Wer schon mal in Tibet war, weiß, dass es ein ganz schöner Unterschied ist, ob man sich auf 1000 oder auf 5000 Metern Höhe befindet: Auf 5000 Metern – einer Höhe, auf der sich die Tibeter und ihre Yaks ziemlich häufig bewegen – gibt es nur noch halb so viel Sauerstoff wie auf Meereshöhe, was man daran merkt, dass man in den ersten paar Tagen sofort aus der Puste ist, an schlimmen Kopfschmerzen, Apathie, Übelkeit und noch so allerlei leidet. Im schlimmsten Falle kann man ein Lungenödem bekommen. Yaks hingegen macht die Höhenluft überhaupt nichts aus. Sie haben größere Lungen und größere Herzen als andere Rinderarten und sogar eine breitere Luftröhre, die es ihnen ermöglicht, beim Atmen mehr Luft aufzunehmen. Ihr dichtes Fell hält sie in der Kälte warm; ihr Verdauungssystem ist darauf ausgelegt, aus der wenigen Vegetation, die es dort oben gibt, das meiste zu machen, und mit ihren breiten, aber vorne spitzen Hufen können sie auch auf steinigen, steilen Pfaden sicher gehen. Sie sind unverzichtbare Transporttiere für die Menschen, die im Himalaya leben (man kann sie sogar als Schneepflug einsetzen!), und außerdem bieten sie Fleisch, Milch, warme Wolle, Leder und ein tolles Heizmaterial in Form von getrocknetem Yakdung. Durch und durch nützliche Tiere also! Wer Yaks sehen möchte, muss gar nicht so weit reisen: In Südtirol gibt es zum Beispiel welche – betreut von Reinhold Messner.

WIE SÜSS!
DIE ROMANTISCHEN UND GEFÜHLVOLLEN

Es ist bekannt, dass manche Tierpaare, zum Beispiel die Schwäne, ein Leben lang zusammenbleiben. Aber wusstet ihr auch, dass Bonobos sich Zungenküsse geben und dass Skorpionsfliegenweibchen von den Männchen ganz romantisch ein Speichelkügelchen geschenkt bekommen?

Dass kleine Krokodile kurz vor dem Schlüpfen in ihren Eiern Geräusche machen, wussten Biologen schon lange. In einer Studie wurde untersucht, wozu diese Kommunikationsversuche genau dienen. Französische Forscher nahmen zu diesem Zweck die Laute aus den Eiern auf und spielten sie sowohl den schlüpffertigen Eiern als auch den Krokodilmüttern vor. Die noch ungeschlüpften Eier fingen an, bei den Lauten zu wackeln – anscheinend handelt es sich also um eine Art Weckruf für die Brutgeschwister. Acht von zehn Krokodilmüttern fingen an, die Nester aus ihren Kuhlen auszugraben, in denen sie zuvor drei Monate geschützt gelegen hatten. Die Forscher vermuten, dass die kleinen Krokodile so ihr Überleben sichern: Schlüpfen die Jungen möglichst gleichzeitig und in der Obhut ihrer Eltern, können diese sie besser vor Fressfeinden beschützen.

VOR DEM SCHLÜPFEN RUFEN BABYKROKODILE NOCH IM EI NACH IHRER MUTTER UND IHREN GESCHWISTERN.

Gertjie, das Nashorn, war erst drei Monate alt, als seine Mutter 2014 von Nashornwilderern getötet wurde. Das Hoedspruit Endangered Species Center (HESC) in Südafrika nahm sich dem verlassenen Geschöpf an, das neben seiner toten Mutter aufgefunden wurde. Im HESC werden verletzte oder verwaiste Wildtiere aufgenommen und behandelt. Nashornbabys können frühestens mit 15 Monaten von der Mutter entwöhnt werden, also war Gertjie, Spitzname „Little G", auf fremde Hilfe angewiesen. Im HESC freundete sich Little G mit Lammie an, einem Schaf der Rasse Pedi, die in Südafrika heimisch ist. „Lammie war die Ersatzmutter für Gertjie und seitdem sind die zwei unzertrennlich", schreibt das HESC auf seiner Webseite. Inzwischen hat sich Lammie bereits um weitere Nashornbabys gekümmert, aktuell um den kleinen Bullen Nhlanhla, der im Frühjahr 2016 in die Auffangstation kam. Wer die Nashornbabys mit ihrer Ersatzmutter Lammie im HESC selbst beobachten möchte, kann das per Livestream unter http://www.africam.com/wildlife/baby_rhino_live_channel tun.

IN SÜDAFRIKA WERDEN SCHAFE ALS ERSATZMAMAS FÜR NASHORNBABYS EINGESETZT.

ELEFANTEN NUCKELN AN IHREM RÜSSEL WIE MENSCHENBABYS AM DAUMEN.

Der Elefantenrüssel lässt sich bekanntlich vielseitig einsetzen. Elefanten saugen damit Wasser an, um zu trinken oder sich abzuduschen. Sie können damit Futter packen und zum Mund führen. Sogar Werkzeuge können die Dickhäuter mit dem Rüssel einsetzen: Sie nutzen Steine, um Elektrozäune auszuschalten, wedeln mit Zweigen, um Fliegen zu vertreiben, oder malen Bilder, wenn man ihnen einen Pinsel in den Rüssel drückt. Der Rüssel ist offensichtlich das, was beim Menschen die Hände sind. Das wird besonders deutlich, wenn sich zwei Elefanten zur Begrüßung gegenseitig die Rüssel reichen. Da überrascht es eigentlich nicht, dass Elefantenbabys an ihrem Rüsselchen saugen. Sie beruhigen sich auf diese Weise selbst – so wie Menschenkinder, die am Daumen lutschen. Der Saugreflex ist beim Elefanten genau wie beim Menschen schon vor der Geburt angelegt und bringt ihn zunächst dazu, Milch aus der Mutterbrust zu trinken. Auch später hilft das vertraute Nuckeln dabei, Stress abzubauen und Kummer zu bewältigen.

ELEFANTEN ZEIGEN SICH GEGENSEITIG IHRE ZUNEIGUNG, INDEM SIE IHRE RÜSSEL MITEINANDER VERHAKEN.

Der Rüssel eines Elefanten sieht aus wie eine verlängerte Nase, tatsächlich verwenden Elefanten ihn aber eher wie wir unsere Hände (siehe dazu auch die vorige Seite). Der Rüssel hat über 100.000 Muskeln und ist das empfindlichste Organ eines Elefanten: In seiner Spitze befinden sich mehr Nervenenden als in der eines menschlichen Fingers. So wie auch wir unsere Hände zur Kommunikation und für Streicheleinheiten benutzen, liebkosen auch Elefanten ihre Artgenossen mit ihren Rüsseln. Sie streicheln sich ihre Köpfe, rangeln liebevoll miteinander und verhaken auch ihre Rüssel miteinander. Dies beobachten Forscher in Elefantenreservaten wie dem Uda Walawe Elephant Research Project in Sri Lanka immer wieder. Nicht ganz so nett: Die Elefanten benutzen dieses Verhalten auch, um andere Artgenossen zu stressen, indem sie ihnen Liebkosungen vorenthalten oder sie bewusst vor der Nase eines ehemaligen Partners mit einem anderen Elefanten vorführen – quasi Knutschen mit dem Ex auf Elefantenart.

BEI ALBATROSSEN GIBT ES LESBISCHE PAARE: ZWEI WEIBCHEN BLEIBEN IHR LEBEN LANG EIN PAAR UND ZIEHEN NACHWUCHS AUF.

In Albatroskolonien herrscht oft Männchenmangel. Viele männliche Albatrosse verenden beim Jagen, weil sie sich in Fangleinen verheddern. Weibliche Laysan-Albatrosse haben einen einfachen Ausweg aus der Einsamkeit gefunden: Sie ziehen mit einem anderen Weibchen zusammen. Dabei handelt es sich nicht etwa um eine Notlösung – nein, Albatrosse bleiben meist ihr ganzes Leben lang zusammen. Auch rein weibliche Albatrospaare ziehen regelmäßig Nachwuchs auf, sie scheinen also gelegentlich einen Samenspender aufzusuchen. In Kaena Point auf Hawaii sind lesbische Pärchen seit 19 Jahren dokumentiert. Dort besteht ein Drittel der Albatrospaare aus zwei Weibchen. Auch in Neuseeland gibt es Albatrosweibchen, die andere Weibchen lieben. Von ihnen war allerdings bis 2010 kein Brutverhalten bekannt. Dann jedoch brüteten zwei weibliche Königsalbatrosse ihr gemeinsames Ei aus. Küken „Lola" dürfte bald geschlechtsreif werden. Dann zeigt sich, ob sie auf Männchen oder Weibchen steht.

?! **SCHON GEWUSST?** Konservative Forscher wollten es lange nicht wahrhaben, doch Fälle von Homosexualität sind von mehr als 450 Tierarten bekannt. Delfine zum Beispiel begatten andere Männchen durch das Atemloch. Weibliche Koalas besteigen andere Weibchen und grunzen vor Wonne. Und schon mancher Bauer musste feststellen, dass sein Zuchtbulle kein Interesse an Kühen hatte. Die Gründe sind vielfältig. Teils wird die sexuelle Neigung schon durch die Genregulation im Mutterleib bestimmt. Teils profitiert das Sozialgefüge, wenn Tiere ihren Sexualtrieb mit gleichgeschlechtlichen Partnern ausleben können. Teilweise scheinen die Tiere auch einfach nur Spaß an der Sache zu haben. Der Fortpflanzung steht Homosexualität nicht im Wege: Besonders bei Vögeln ziehen gleichgeschlechtliche Paare oft den Nachwuchs eines Partners auf – auch im Wechsel. Und Fliegenmännchen der Gattung Hybotidae decken gezielt andere Männchen, die dann zweierlei Samen an ein Weibchen weitergeben. Das gelegentlich vorgebrachte Argument, Homosexualität widerspräche dem Prinzip der Arterhaltung, wäre damit auch widerlegt.

KATZEN KÖNNEN STRESS ABBAUEN, INDEM SIE SICH IN SCHACHTELN VERSTECKEN.

Den Anblick kennt wohl jeder Katzenbesitzer: Kaum steht irgendwo ein Schuhkarton herum, macht der Stubentiger es sich darin gemütlich – sogar, wenn die Schachtel eigentlich zu eng für die Katze aussieht. Was Menschen zum Schmunzeln bringt, dient den Tieren als Entspannungsprogramm. Die niederländische Verhaltensforscherin Claudia Vinke konnte im Tierheim-Test nachweisen, dass Katzen auf diese Weise Stress abbauen. Die neu im Tierheim eingetroffenen Katzen, die sich in einer Schachtel verstecken konnten, waren bereits nach drei Tagen entspannt und aufgeschlossen der neuen Umgebung gegenüber. Die Kontrollgruppe ohne Kisten war erst nach zwei Wochen so weit. Was genau die Katzen an den Kisten so unglaublich entspannend finden, ist nicht ganz sicher. Wissenschaftler vermuten, dass die Schachteln die Geborgenheit natürlicher Höhlen simulieren. Dort verstecken Katzen sich in der Wildnis. Außerdem isoliert Pappe gut: Mit ihrer Körperwärme bringen Katzen einen Pappkarton ruckzuck auf ihre Wohlfühltemperatur – perfekt zum Entspannen.

WENN EIN WOLF UND EINE WÖLFIN SICH PAAREN, BLEIBEN SIE FÜR DEN REST IHRES LEBENS ZUSAMMEN.

Wölfe gelten nicht gerade als Vorbilder für menschliches Verhalten. Laut Klischee sind sie rücksichtslos und selbstsüchtig. Zu Unrecht, denn Wölfe haben ein ausgeprägtes Sozialverhalten. Sogar im Eheleben sind die Rudeltiere dem Menschen voraus: Während in Deutschland jede dritte Ehe geschieden wird, bleiben Wolfspaare in der Regel lebenslang zusammen. Dabei gilt Monogamie im Tierreich als Nachteil. Zoologen tun sich deshalb schwer mit der Treue der Wölfe. Zur Erklärung stehen zwei Theorien im Raum: Da das Revier eines Rudels recht groß ist, wäre es für Wolfsmännchen aufwändig, fremde Weibchen zu besuchen. Bis auf die Alphawölfin sind die Weibchen im eigenen Rudel Töchter des Leitwolfs und deshalb tabu. Möglicherweise wollen Wölfe aber auch ihren Nachwuchs vor der Konkurrenz schützen. Denn in ihrer Abwesenheit könnten andere Männchen die Welpen töten und die Wölfin selbst begatten. Wölfe sind also nicht aus Überzeugung treu, sondern vor allem, um ihre Interessen zu schützen. Das passt dann doch wieder ins Klischee.

WENN KOALAS ANGST HABEN ODER GESTRESST SIND, LEIDEN SIE UNTER SCHLUCKAUF.

Tatsächlich ist neben einem exzessiven Wackeln mit den Ohren der Schluckauf eines der sicheren Anzeichen dafür, dass ein Koala gestresst ist. Warum er in diesem Moment unter einem Schluckauf leidet, ist dabei nicht abschließend geklärt. Allerdings kann die Ursache eines Schluckaufs auch bei uns Menschen in emotionalen Extremen wie Angst, Freude oder Aufregung liegen. Um den Koalas so wenig Stress wie möglich zuzumuten, werden Tierpfleger in Zoos und Wildparks dazu angehalten, nur Tiere für den Kontakt mit Besuchern auszuwählen, deren Temperament dies erlaubt. Auch dient es sicherlich dem Wohl der Tiere, sie nicht anzufassen oder gar auf den Arm zu nehmen, wenn sie bereits unruhig oder gestresst sind. Übrigens: Auch häufiges Urinieren ist beim Koala ein Anzeichen von Stress. Es ist also gut möglich, dass nicht nur das Tier von der vornehmen Zurückhaltung profitiert.

SCHWÄNE HABEN NUR EINEN EINZIGEN PARTNER. WENN DIESER STIRBT, WIRD ER VOM ANDEREN SCHWAN BETRAUERT.

Ein männlicher Schwan verbringt die ersten beiden Jahre seines Lebens in einer reinen Junggesellengruppe und turtelt mal hier, mal da mit weiblichen Schwänen. Danach sucht er sich eine feste Partnerin. Hat das Paar zum ersten Mal miteinander Eier ausgebrütet, ist dies der Startschuss für eine lange Beziehung: Jahr um Jahr brüten die Schwäne gemeinsam und gehen mit ihrem Partner durch dick und dünn. Das kann gut und gerne 20 Jahre so weitergehen und endet erst, wenn einer der beiden stirbt. In solchen Fällen wurde beobachtet, dass Schwäne eine lange Zeit an der

Stelle saßen, an der ihr Partner zu Tode kam; dass sie apathisch wirkten und ins Leere schauten. Nach dem Verlust des Partners ist es für Schwäne schwierig, aber nicht unmöglich, einen neuen Gefährten zu finden. Sogar die berühmte Trauerschwandame Petra aus Münster, die ab 2006 Schlagzeilen machte, weil sie jahrelang in ein Schwanen-Tretboot verliebt war, soll inzwischen einen neuen (echten) Schwanenpartner gefunden haben.

NEBEN DEM MENSCHEN SIND BONOBOS (UND ORANG-UTANS) DIE EINZIGEN PRIMATEN, DIE SICH ZUNGENKÜSSE GEBEN.

Dass die Menschenaffen (also Orang-Utans, Gorillas, Schimpansen und Bonobos) uns sehr ähnlich sind, ist hinlänglich bekannt. Die größten Übereinstimmungen auf dem Gebiet der Sexualität haben wir mit den Bonobos: Anders als fast alle anderen Tiere haben Bonobos nicht nur zu ganz bestimmten Zeiten Sex, sondern einfach, wenn sie Lust haben – egal, warum oder mit wem. Trotzdem bekommen die Weibchen nur alle fünf bis sechs Jahre ein Junges, was bedeutet, dass Sex wie bei uns weitgehend von der reinen Fortpflanzung unabhängig ist. Außerdem sind Bonobos die einzigen Tiere, die sich beim Sex auch mal anschauen – selbst Schimpansen tun das fast nie. Da überrascht es nicht, dass Bonobos auch Oralverkehr, das Massieren der Genitalien und eben Zungenküsse kennen. Schimpansen küssen sich dagegen eher züchtig. Diesen Unterschied bekam ein Tierpfleger zu spüren, der normalerweise mit Schimpansen arbeitete: Er ließ sich von seinem neuen Schützling, einem männlichen Bonobo, ein Küsschen geben und war dann sehr erstaunt, die Zunge des Affen in seinem Mund zu spüren …

ELEFANTEN KÖNNEN VON MENSCHEN IN DEN SCHLAF GESUNGEN WERDEN.

D as Video ging um die Welt: Im Elephant Nature Park, einem Refugium für verletzte und misshandelte Elefanten in der Provinz Chiang Mai in Thailand, singt eine Tierpflegerin die Elefanten in den Schlaf. Sangduen „Lek" Chailert, Mitbegründerin des Parks, hat einen besonders guten Draht zur Elefantendame Faa Mai, dem Tier aus dem Video. Man sieht, wie Lek auf die noch stehende Elefantin zugeht und dabei anfängt, leise zu singen. Faa Mai reagiert, indem sie ihre Pflegerin liebevoll mit dem Rüssel umarmt. Lek singt weiter, und allmählich wird die Elefantin schläfrig; sie lässt sich auf die Knie und schließlich ganz zu Boden fallen und schläft ein. Die beiden machen das seit Jahren jeden Abend. Es ist nicht bekannt, ob es auf der Welt auch andere Elefanten gibt, die Schlaflieder gesungen bekommen, aber funktionieren tut es ja in jedem Fall!

MÄNNLICHE HUNDEWELPEN LASSEN WEIBLICHE WELPEN BEIM SPIELKAMPF IMMER GEWINNEN, DAMIT DIE WEIBCHEN MEHR INTERESSE AN IHNEN HABEN.

B Bei vielen Tieren – wie auch beim Menschen – lässt sich beobachten, dass sie sich manchmal aus strategischen Gründen schwächer machen, als sie eigentlich sind. Eine Studie hat dies für Hundewelpen eindrucksvoll untermauert. Dafür wurden Welpen verschiedener Rassen (Labrador, Dobermann …) über eine längere Zeit in ihrem Spielverhalten beobachtet. Heraus kam unter anderem, dass männliche Welpen im Allgemeinen lieber mit weiblichen als mit anderen männlichen Welpen spielen wollten und sich dann mächtig dafür ins Zeug legten, dass das Spiel möglichst lange dauerte. Die kleinen Männchen begaben sich dabei öfters absichtlich in untergeordnete Positionen; sie boten den Weibchen eine Chance, sie zu beißen, oder warfen sich gar vor ihnen zu Boden. Die Forscher nehmen an, dass sie dadurch anstreben, eine engere Beziehung zu den weiblichen Welpen zu knüpfen, um später größere Chancen auf eine Paarung zu haben. Wie man von Wildhunden weiß, ist die „Damenwahl" dabei mitunter nicht zu unterschätzen.

IST EINE WEIBLICHE SKORPIONSFLIEGE NOCH NICHT BEREIT FÜR DIE PAARUNG, SCHENKT DAS MÄNNCHEN IHR SPEICHELKÜGELCHEN.

D as Paarungsverhalten der Skorpionsfliegen ist mal wieder ein Beweis für die ausgeklügelte Vielfalt der Natur. Es ist nämlich ziemlich ausgefeilt. Also: Zuerst stellt das Männchen seinen Hinterleib wie einen Skorpionstachel auf (daher der Name der Fliege) und sondert einen Sexuallockstoff ab, den es mit Flügelschlägen verbreitet. Dadurch wird das Weibchen angelockt. Nun muss das Männchen abschätzen, ob das Weibchen paarungsbereit ist. Falls ja, erwartet es ein Geschenk in Form von Nahrungsresten wie toten Insekten. Findet das Geschenk Gefallen, beginnt das Weibchen zu fressen, und das Männchen beginnt mit der Paarung. Ist das Weibchen noch nicht bereit, kann das Männchen es entweder brutal vergewaltigen – oder aber mit selbst gemachten Speichelkügelchen („Bonbons") beschenken, welche das Weibchen ebenfalls während des Liebesakts verspeist. Je mehr Geschenke das Männchen anbietet, desto länger dauert die Paarung (bis zu 2 Stunden). Durch die zusätzliche Nahrung optimiert sich die anschließende Eierproduktion des Weibchens.

Seepferdchen sind faszinierende Tiere. Sie gehören zwar zu den Fischen, sehen aber überhaupt nicht so aus. Sie bewegen sich mit Flossen fort, aber diese sind nur ganz klein. Auch schweben Seepferdchen eher senkrecht im Wasser, als dass sie schwimmen. Die Schwanzflosse ist bei ihnen ein Greifschwanz, den es so nirgendwo sonst im Tierreich gibt – er hat nämlich einen quadratischen Querschnitt. Das macht ihn enorm flexibel – er lässt sich zum Bauch hin bis zu 850 Grad eindrehen – und auch sehr widerstandsfähig; Feinde können ihn nicht einfach so zerbeißen. Außerdem können sich die Seepferdchen damit sehr gut an Meerespflanzen festhalten – oder am Schwanz ihres Partners. Seepferdchenpaare bleiben ein Leben lang zusammen, und sie haben ein allmorgendliches Begrüßungsritual, eine Art Tanz, bei dem sich beide mit dem Schwanz an einem Pflanzenstängel festhalten und drehen. Danach fassen sie den Schwanz ihres Partners und schwimmen gemeinsam ein Stückchen. Süß!

SEEPFERDCHEN HALTEN „SCHWÄNZCHEN", WENN SIE UNTERWEGS SIND.

WÄHREND DER BRUTZEIT MAUERN SICH NASHORNVOGELWEIBCHEN VOLLSTÄNDIG IN EINE HÖHLE EIN UND WERDEN VOM MÄNNCHEN DURCH EINEN SCHLITZ GEFÜTTERT.

Die verschiedenen Arten der Nashornvögel kennt man aus Zoos – majestätisch, exotisch und sehr außergewöhnlich aussehende Tiere wie den Doppelhornvogel. Außergewöhnlich ist auch ihr Brutverhalten: Die Weibchen, die das Bebrüten der Eier allein übernehmen, lassen sich dazu freiwillig in eine Baumhöhle einsperren. Die Männchen verschließen die Höhle von außen mit einem Gemisch aus Erde, Kot, Pflanzenteilen und Speichel so, dass nur ein kleiner Spalt offen bleibt. Manchmal hilft das Weibchen von innen auch selbst mit. Das Weibchen sitzt nun einen Monat auf den Eiern und wird währenddessen vom Männchen durch den Spalt mit Nahrung versorgt. Sind die Jungen da, bleiben auch sie noch in der Höhle und werden von ihrem Vater mitversorgt. Das Weibchen nutzt die Zeit für eine Mauser. Sind die Jungen einigermaßen flügge, wird die Höhlenwand aufgehackt und es geht wieder ins Freie. Bei manchen Arten verlässt das Weibchen die Höhle vor ihren Jungen (und hilft noch bei der Fütterung), bei anderen mit ihnen. Das Einmauern ist ein guter Schutz gegen Nesträuber.

AUF DEN GESCHMACK GEKOMMEN
DIE GOURMETS UND SÜCHTIGEN

Zur Nachahmung nicht empfohlen: Walbabys trinken täglich 90 Kilo fette Walmilch; Vogelspinnen essen einfach mal gar nichts; Kaninchen fressen ihren eigenen Kot; Eulen konsumieren 2000 Mäuse und Delfine berauschen sich an Kugelfischen …

WALMILCH HAT DIE GLEICHE KONSISTENZ WIE ZAHNPASTA.

Die Milch verschiedener Wale hat eine unterschiedliche Konsistenz, aber im Allgemeinen ist Walmilch tatsächlich eher cremig wie Rahm – oder eben Zahnpasta –, weil sie einen extrem hohen Fett- und Eiweißgehalt hat: zwischen 35 und 50 Prozent bzw. 12 Prozent. (Zum Vergleich: Beim Menschen sind es 4,4 und 1 Prozent – Walmilch ist also rund zehnmal so fettreich.) So muss es auch sein, denn erstens spritzen Walmütter ihren Babys die Milch ins Maul, und zu dünne Milch würde sich im Wasser zu schnell auflösen. Und zweitens müssen Walbabys schnell wachsen, damit sie mit ihren Müttern ins Polarmeer mitschwimmen können. Ein Blauwalbaby kann täglich 90 kg Milch trinken; es wächst dadurch täglich um 3 bis 4 Zentimeter und wird 80 Kilo schwerer – also pro Stunde 3,3 Kilo! In der gesamten Stillzeit nimmt es 17 Tonnen an Gewicht zu.

DIE ZÄHNE EINES BIBERS WACHSEN STÄNDIG, WESHALB ER IMMER AN ETWAS KNABBERN MUSS: WÜRDE ER DAS NICHT TUN, KÖNNTEN SIE BIS IN SEIN GEHIRN WACHSEN.

Biber gehören zur Gattung der Nagetiere (Rodentia). Diese haben ihren Namen nicht ohne Grund, denn Nagen gehört nicht nur zu ihren Lieblingsbeschäftigungen, es ist lebenswichtig für die Tiere. Die Schneidezähne eines Bibers und jedes anderen Nagetiers haben keine Wurzel und wachsen konstant nach. Nur der vordere Teil der Zähne ist von härtendem Schmelz bedeckt, so dass sie zu einem scharfen Keil abgerieben werden, mit dem Biber auch kräftiges Holz kleinbekommen. Biber können so auch Bäume mit bis zu 45 Zentimetern Durchmesser fällen. Bricht ein Zahn ab oder kann ein Biber aus einem anderen Grund nicht mehr gleichmäßig beißen, wachsen die Zähne unaufhaltsam weiter, im schlimmsten Fall bohren sie sich in den Schädel in das Gehirn hinein.

ELCHE GRASEN AUCH UNTER WASSER.

Elche sind die größte Hirschart der Welt. Sie werden über 2 Meter groß und können bis zu 800 Kilo wiegen. Da Elche reine Pflanzenfresser sind, müssen sie enorm viel essen – ein Elch kann bis zu 20 kg Pflanzen pro Tag aufnehmen. Elche fressen größtenteils Blätter, Rinde und Zweige, die sie direkt von Bäumen reißen. Doch auch Unterwasserpflanzen gehören zu ihrer täglichen Nahrung, denn Elche verbringen einen nicht unerheblichen Teil ihres Lebens im Wasser. Sie können bis zu 2 Stunden am Stück zügig schwimmen und bis zu 6 Meter tief tauchen. Um das Eindringen von Wasser zu verhindern, versiegelt sich die Elchnase durch ein spezielles Gewebe von innen. Gerade im Sommer bleiben Elche oft lange mit dem Kopf unter Wasser, um am Boden von Seen zu grasen. Ein angenehmer Nebeneffekt ist, neben der Abkühlung, dass sie auf diese Weise auch lästige Fliegen loswerden.

?! **SCHON GEWUSST?** Elche können von einem winzigen, parasitären Wurm namens Parelaphostrongylus tenuis getötet werden, der sich im Gehirn festsetzt. Verbreitet wird der Parasit durch Weißhirsche, die im Laufe der Zeit eine Immunität gegen ihn entwickelt haben. Sie scheiden den Wurm, der sie nicht beeinträchtigt aus, der Hirschkot wird von Schnecken aufgenommen, die wiederum von Elchen mitgefressen werden. Nach der Infektion werden die Elche unaufmerksam, fangen an, im Kreis zu laufen, und sterben schließlich am Versagen des Nervensystems.

KOFFEIN ERHÖHT BEI RATTENWEIBCHEN DIE LUST AUF SEX.

Koffein macht bekanntermaßen wach. Diese Wirkung, die wir am Kaffee so schätzen, ist auch bei Ratten zu beobachten. Im Versuch der amerikanischen Forscherinnen Fay Guaracci und Anastasia Benson zeigte sich bei Laborratten aber noch ein weiterer Effekt: Die 108 untersuchten Rattendamen wollten nach ihrer Dosis Koffein wesentlich mehr Sex. Während sie ohne Koffein nach vollzogener Paarung erst einmal zufrieden waren und sich ausruhten, kamen sie unter Koffeineinfluss nach kürzester Zeit zum Partner zurück. Zuerst dachten die Forscherinnen, dass die Ratten sich einfach mehr bewegen wollten. Doch als sie den Rattendamen die Wahl zwischen einem Männchen oder einem anderen Weibchen gaben, wählten die Kaffee-Ratten weiterhin das Männchen: Sie wollten nicht toben, sie wollten sich paaren. Auf Menschen dürfte diese Beobachtung aber nicht anwendbar sein. Schließlich konsumieren die meisten von uns täglich Kaffee, Tee oder Cola. Dadurch sind wir schon an das Koffein gewöhnt und werden nicht mehr rattig.

?! **SCHON GEWUSST?** Kaffee als Scharfmacher – das klingt erst einmal harmlos. Aber Koffein kann auch negative Auswirkungen haben: In der Pubertät hemmt es die Gehirnentwicklung. Das haben Tests an jugendlichen Ratten ergeben. Normalerweise wird das Gehirn während der Pubertät effizienter. Wichtige Verknüpfungen werden ausgebaut, unnötige werden gelöscht. Und zwar im wahrsten Sinne des Wortes im Schlaf. Gerade die wichtigen Tiefschlafphasen wurden bei den Versuchstieren aber durch den Koffeinkonsum stark verkürzt. Dadurch waren die Koffein-Ratten nach Ablauf des Experiments noch auf dem gleichen Entwicklungsstand wie jüngere Tiere. Die Wirkung hielt noch fast zwei Wochen nach der letzten Koffeingabe an. Erst danach entwickelten die Rattenhirne sich normal weiter. Was in der Pubertät der Entwicklung schadet, könnte sich aber im hohen Alter als Segen erweisen. Deshalb überprüften Forscher kurz darauf, ob Kaffee hilft, Demenz zu verzögern. Tatsächlich ließen sich mit Koffein bessere Gedächtnisleistungen erzielen. Zumindest im Tierversuch.

LEMURE TRINKEN AM LIEBSTEN NEKTAR MIT VIEL ALKOHOL UND KÖNNEN DIESEN SOGAR ERSCHNÜFFELN.

Lemure sind echte Partytiere – und das im wahrsten Sinne des Wortes. Biologen fanden heraus, dass die putzigen Kreaturen die Fähigkeit besitzen, den Alkoholgehalt von Blumennektar zu erschnüffeln. Gibt man einem Lemur mehrere Zuckerlösungen zur Auswahl, von denen jede einen anderen Alkoholgehalt besitzt, wählt das Tier jedes Mal zielstrebig das hochprozentigste Getränk aus. Der Grund ist allerdings nicht (nur?) der Spaßfaktor, sondern schlicht effiziente Nahrungsaufnahme: Je höher der Alkoholgehalt, desto mehr Kalorien sind im Zuckerwasser enthalten. Frei nach dem Motto „viel hilft viel" besteht der Speiseplan malaysischer Lemure zu mehr als 40 Prozent aus fermentiertem Nektar, den sie mit ihren langen Fingern aus den Blüten der Betrampalme holen. Diese Pflanze ist eine Art natürliche Brauerei. Ihre Knospen erzeugen durch Hefegärung einen Nektar, der bis zu 3,8 Prozent Alkoholgehalt aufweisen kann (zum Vergleich: ein durchschnittliches Bier hat etwa 5 Prozent). Beneidenswert: Trotz ihrer Vorliebe für hohe Umdrehungen zeigten die untersuchten Tiere keinerlei Anzeichen von Trunkenheit.

KANINCHEN FRESSEN 30 PROZENT IHRES EIGENEN KOTS.

Mit dieser auf den ersten Blick ekligen Angewohnheit sorgt das Kaninchen unter anderem für seinen Vitaminhaushalt. Der Vorgang hat einen speziellen Begriff: Caecotrophie, von dem lateinischen Wort *caecum* für „Blinddarm" und dem griechischen Wort *trophie* für Ernährung. In Ruhephasen scheiden Kaninchen und auch andere Nagetiere wie Ratten eine besondere Art Kot aus, der im Blinddarm produziert wird. Der weichere, hellere Blinddarmkot hat Bestandteile wie Milchsäure und B-Vitamine. Er wird vom Kaninchen aufgenommen und wieder verdaut. Die dann abgesonderten harten Köttel enthalten kaum noch Nährstoffe und werden daher vom Kaninchen auch nicht mehr gefressen. In Batteriehaltungen, in denen der Kot durch die Gitterstäbe nach unten fällt, können Kaninchen daher an Vitaminmangel erkranken, weil der Blinddarmkot ihre einzige Quelle für Vitamin B ist. Keine Sorge, falls ihr selbst an Vitamin B-Mangel leidet: Wir Menschen haben glücklicherweise zahlreiche Alternativen, um dieses Problem zu lösen.

ALLIGATOREN FANGEN AN ZU WEINEN, WENN SIE ETWAS ZU FRESSEN HABEN.

Als Kent Vlient bei der Fütterung auf einer Alligatorfarm zuschaute, traute er seinen Augen kaum: Beim Fressen bekamen die Tiere tatsächlich feuchte Augen. Bei manchen bildete sich sogar Schaum vor den Augenlidern. War es Mitleid mit den Beutetieren? Oder Dankbarkeit gegenüber den Tierpflegern? Der Zoologe stellte fest, dass die Tiere beim Fressen fast immer Tränen produzierten. Vermutlich drückt die Kiefermuskulatur beim Kauen auf die Tränendrüsen. Die Alligatoren weinen also nicht mit Absicht und auch nicht aus Rührung, sondern durch einen einfachen physikalischen Vorgang. Schaum entsteht dabei, wenn sich Luft aus den Nebenhöhlen mit der Tränenflüssigkeit vermischt. Krokodile beobachtete Vlient übrigens nicht beim Weinen, denn die aggressiven Tiere fressen bevorzugt im Wasser, und da hinein wollte sich Vlient dann doch nicht begeben.

?! **SCHON GEWUSST?** Die Redensart von den Krokodilstränen, die jemand absondert, wenn er Mitleid vortäuscht, ist uralt. Römische Autoren berichten, dass Menschen von Krokodilen angefallen wurden, nachdem sie am Ufer das Weinen eines Babys gehört hatten und dem Kind zu Hilfe kommen wollten. Augenzeugen glaubten dann, die Krokodile hätten ihre Opfer durch vorgetäuschtes Weinen angelockt. Heute weiß man, dass solche Berichte auf einem tragischen Missverständnis beruhen. Krokodiljunge beginnen nämlich in ihren Eiern zu schreien, kurz bevor sie schlüpfen (siehe S. 54). Die „Krokodilstränen" sollten also niemanden täuschen, sondern nur die Mutterinstinkte der Krokodildamen wecken. Dass menschliche Mutterinstinkte durch das Geschrei ebenfalls aktiviert wurden, war einfach Pech.

EINE SCHLEIEREULE FRISST BIS ZU 2000 MÄUSE IM JAHR, WAS SIE BEI LANDWIRTEN BELIEBT MACHT.

Schleiereulen lieben Feldmäuse. Sie richten sogar ihr Fortpflanzungsverhalten nach ihnen aus: Gibt es in einem Jahr wenige Feldmäuse, bekommen die Eulen keinen Nachwuchs. Existiert aber wieder ein großer Feldmausbestand, brüten Schleiereulen gleich dreimal im Jahr und legen auch mehr Eier, um den Verlust des Vorjahres auszugleichen. Schon die Jungtiere können drei bis vier Mäuse am Tag verspeisen; erwachsene Eulen schaffen sechs Mäuse. Landwirte setzen sie daher als natürliche Mäusevernichter ein und lassen sie in Scheunen und Ställen nisten, die manchmal sogar spezielle Eulentüren („Uhlenloch") haben. Gefährlich wird es für die Eulen, wenn zuvor versucht wurde, den Mäusen mit Nagergift beizukommen – daran sterben natürlich auch die Eulen (und andere mausfressende Tiere).

ZEBRAFINKEN, DIE ALKOHOL TRINKEN, LALLEN BEIM ZWITSCHERN, ÄHNLICH WIE EIN MENSCH BEIM SPRECHEN LALLEN WÜRDE.

Zebrafinken lernen ihren Gesang auf ähnliche Weise, wie wir Menschen das Sprechen lernen. Deshalb mussten sie leider erdulden, dass Forscher der Oregon Health & Science University ihnen für eine Studie Alkohol zu trinken gaben, um mehr über die Effekte von Alkohol auf das Sprechvermögen herauszufinden. Und tatsächlich: Unter Alkoholeinfluss sangen die Vögel zwar fröhlich weiter, aber viel ungeordneter, leiser und mit tieferen Tönen als zuvor. Andere Aspekte ihres Singens sowie ihr allgemeines Verhalten veränderten sich durch den Alkohol gar nicht, und das, obwohl die Vögel ganz schöne Mengen zu sich genommen hatten (das menschliche Äquivalent, so die Forscher, wäre „binge drinking"). Daraus schloss man, dass der Alkohol nur auf bestimmte Gehirnareale wirkte und andere gar nicht betraf.

EIN BLAUWAL KANN NICHTS SCHLUCKEN, DAS GRÖSSER IST ALS EINE GRAPEFRUIT.

Der Blauwal ist zwar mit einer Länge von ca. 30 Metern und einem Gewicht von 130.000 Kilo das größte und schwerste aller bekannten Säugetiere, aber schlucken kann er trotzdem nichts, was größer ist als eine Grapefruit. Der Blauwal ernährt sich ausschließlich von Plankton, das ist die Sammelbezeichnung für Organismen, die im Wasser leben und deren Schwimmrichtung von der Wasserströmung vorgegeben wird. Dazu gehören Bakterien, Algen, Einzeller, Würmer, Larven und viele Krebstiere. Hauptnahrungsmittel des Blauwals ist der Krill, ein garnelenförmiges Krebstier, das in riesigen Schwärmen auftritt. Der Blauwal filtert seine Nahrung mit Hilfe seiner Barten aus dem Meerwasser. Bei den Barten handelt es sich um eine Art Matte, die mit herunterhängenden Hornplatten bestückt ist. Der komplette Oberkiefer des Blauwals besteht aus dieser stacheligen Fläche, in der alles hängenbleibt, was der Wal aus dem Meer aufgenommen hat. Erst wenn er das Wasser durch die Barten hindurch wieder herausgepresst hat, schluckt er das Plankton herunter. Zwischen den Barten des Oberkiefers und dem Unterkiefer ist kaum Platz, da würde eine Grapefruit vielleicht gerade so durchpassen. Aber im Meer soll es ja gar nicht so viele davon geben.

JUNGE ELEFANTEN, PANDAS, KOALAS UND NILPFERDE ERNÄHREN SICH VON DEN FÄKALIEN IHRER MÜTTER.

n der Fachsprache wird das Phänomen des Kot-Essens als Koprophagie bezeichnet. Elefanten, Pandas, Koalas und Nilpferde haben bei der Geburt einen sterilen Verdauungstrakt, daher nehmen die Jungtiere auch die Ausscheidungen ihrer Mütter auf, damit ihre Körper mit den richtigen Bakterien versorgt werden. Auch bei Hunden, Hasen (siehe S. 69) und Affen ist gelegentlich zu beobachten, dass sie eigene und auch fremde Fäkalien verspeisen. Wenn wir einmal unseren Ekel beiseite lassen, ist das eigentlich ziemlich sinnvoll, denn neben Abfallprodukten enthält Kot eine Reihe wichtiger Stoffe: unverdaute Proteine, Fette, Kohlenhydrate, Vitamine, einige Enzyme, Ballaststoffe, Wasser und abgestorbene Zellen, wie beispielsweise rote Blutkörperchen. Forscher haben zudem herausgefunden, dass unser Ekel Fäkalien gegenüber nicht angeboren, sondern erlernt ist.

IN PAKISTAN IST ES EIN TREND, DAS GIFT DER SKORPIONE ZU RAUCHEN. DER RAUSCH DAUERT BIS ZU 10 STUNDEN AN.

Auf die Idee, Skorpione zu rauchen, kam man schon vor einiger Zeit. Seit Neuestem scheint dies aber besonders in Pakistan, Afghanistan und Indien ein Trend zu werden – vielleicht auch deshalb, weil andere Drogen inzwischen schwerer zu bekommen sind als früher. In einem Artikel der Zeitschrift *Dawn* beschreibt der 74-jährige Sohbat Khan aus Khyber Pakhtunkhwa, einer Provinz im Nordwesten Pakistans, wie so ein Skorpionrausch vor sich geht: Der lebendige Skorpion wird über Kohle geröstet (wobei er natürlich stirbt) und der giftige Rauch inhaliert. Das meiste Gift konzentriert sich im Stachel, weshalb manche diesen auch zerstoßen und mit Haschisch gemischt rauchen. In Indien kann man sich sogar gegen Geld von Skorpionen stechen lassen. Der Rausch hält 10 Stunden an, wobei die ersten 6 Stunden sehr schmerzhaft sein sollen, bevor dann ein Hochgefühl eintritt. Sohbat berichtet, alles sehe dann so aus, als würde es tanzen. Abgesehen davon, dass man keine der 25 tödlichen Skorpionarten erwischen sollte, ist Skorpiongift sehr schädlich für den Menschen; es ruft unter anderem Halluzinationen und Gedächtnisverlust hervor.

WENN DELFINE AN KUGELFISCHEN KAUEN, VERFALLEN SIE IN EINEN RAUSCHZUSTAND.

Kugelfische enthalten eins der stärksten natürlichen Nervengifte, Tetradotoxin. Nur 10 Mikrogramm pro Kilogramm Körpergewicht führen zu einem qualvollen Tod durch Ersticken bei vollem Bewusstsein. Trotzdem gilt Kugelfisch in Asien als Delikatesse. Und Delfine nutzen die Giftwirkung sogar ganz gezielt, um high zu werden. Gruppen junger männlicher Delfine wurden dabei gefilmt, wie sie einen Kugelfisch einfingen und schwenkten, damit er sein Gift absonderte. Dann kauten die übermütigen Tümmler am verängstigten Kugelfisch und genossen den Rausch, den kleine Mengen des Tetradotoxins bei ihnen hervorriefen. Sie reichten den Fisch sogar wie einen Joint herum. Die Kugelfische überlebten ihre unfreiwillige Rolle als Delfin-Droge offenbar. Nach kurzer Zeit waren die Delfine nämlich so zugedröhnt, dass sie wie in Trance an die Wasseroberfläche trieben. Diese Gelegenheit nutzten die Kugelfische zum Entkommen. Wer weiß – vielleicht ist der Kugelfisch in der japanischen Küche ja nicht nur wegen seines guten Geschmacks so beliebt …

?! **SCHON GEWUSST?** Tiere haben sichere Instinkte und halten sich von Giften fern? Nicht immer. Legendär sind die Szenen aus *Die lustige Welt der Tiere,* in denen Affen nach dem Fressen vergorener Früchte sturzbetrunken durch die Savanne stolpern. In heimischen Gärten machen sich Igel über die ertrunkenen Schnecken in Bierfallen her und schlafen ihren Rausch dann auf dem Rasen aus. Während diese Tiere möglicherweise unabsichtlich Opfer der alkoholischen Gärung geworden sind, gibt es aber auch Fälle, in denen Tiere ganz gezielt zu Drogen greifen. Etwa dann, wenn Rentiere Fliegenpilze anknabbern. Schon Schamanen nutzten die bewusstseinserweiternden Inhaltsstoffe, um sich in Trance zu versetzen. Der Trip scheint den Rentieren zu gefallen, denn sie sind Wiederholungstäter. Das gleiche gilt für Wallabys, die in tasmanische Schlafmohnfelder eindringen und sich dort einen Opiumrausch anfressen. Zugedröhnt hüpfen sie dann im Kreis und trampeln die Ernte platt. Selbst Elektrozäune und Stacheldraht halten die tierischen Junkies nicht ab. Tiere sind eben auch nur Menschen.

WENN SIE DIE MÖGLICHKEIT HÄTTEN, WÜRDEN SCHMETTERLINGE UNSER BLUT, UNSERE TRÄNEN UND UNSEREN SCHWEISS TRINKEN.

Den Passagieren eines kleinen Bootes auf dem Puerto Viejo, einem Fluss in Costa Rica, bot sich ein wunderschönes Schauspiel: Als wären es Blüten, umschwirrten ein Schmetterling und eine Biene minutenlang die Träne eines Krokodils und steckten ihre Rüssel in die Krokodilstränen. Glücklicherweise war auch der Naturforscher Carlos de la Rosa unter den Reisenden, denn der konnte das Naturschauspiel gleich wissenschaftlich einordnen. Die salzigen Tränen liefern den Insekten dringend benötigte Mineralien, denn gerade für Vegetarier ist Salz ein kostbarer und seltener Nährstoff. So ist bekannt, dass Schmetterlinge salzhaltige Schlammlöcher anfliegen, um sich dort zu versorgen. Alle erdenklichen Salzquellen werden von Insekten genutzt. So ist es durchaus möglich, dass sie ihre Saugrüssel in Urin, Blut, Schweiß oder eben auch Tränen stecken.

KATZEN KÖNNEN EINE SUCHT NACH THUNFISCH ENTWICKELN UND WEIGERN SICH DANN, ETWAS ANDERES ZU FRESSEN.

Tierärzte raten davon ab, Hauskatzen Thunfisch oder Futter, das sehr viel Thunfisch enthält, zu verfüttern, denn Katzen lieben diesen stark riechenden Fisch so sehr, dass manche Tiere danach süchtig werden. Bekommt eine solche Katze zu viel Thunfisch, will sie nichts anderes mehr fressen. Leider hat diese unausgewogene Ernährung schlimme Folgen. Durch den öligen Fisch, der dem Katzenkörper unter anderem Vitamin E entzieht, erkrankt die Katze früher oder später an einer Fettgewebsentzündung namens Steatitis. Thunfisch hat außerdem einen hohen Mineralgehalt, was bei Katzen Harnsteine verursachen kann. Zeigt eure Katze also Symptome wie hohe Berührungsempfindlichkeit, Trägheit, schuppige Haut und fettiges Fell, solltet ihr zum Tierarzt: Es könnte daran liegen, dass sie zu viel Thunfisch frisst. Wollt ihr euren Thunfischjunkie auf Entzug setzen, könnt ihr ein wenig Wasser aus Thunfischdosen in normales Futter mischen und eure Katze so langsam von der fischigen Droge wegführen.

EINE VOGELSPINNE KOMMT BIS ZU ZWEI JAHRE OHNE NAHRUNG AUS.

Bei vielen Tieren ist es gar nicht so ungewöhnlich, dass sie selten fressen – in freier Wildbahn gibt es eben nicht ständig etwas. So mancher, der zu Hause eine Vogelspinne hält, hat sich da schon Sorgen gemacht: Da steckt man dem Tier jede Woche eine wunderschöne, eigens besorgte, lebende Fliege, Grille oder sogar Maus ins Terrarium, die von der Spinne gefangen und gefressen werden könnten – und die verschmäht das einfach! Das ist aber nicht ungewöhnlich: Vogelspinnen sind dafür bekannt, dass sie besonders vor, aber auch nach ihrer Häutung keine Nahrung zu sich nehmen. Wenn es hart auf hart kommt, schaffen sie das auch mal zwei Jahre lang. Aber trinken müssen sie währenddessen, sonst überleben sie nur wenige Tage.

?! **SCHON GEWUSST?** Manche Arten des Afrikanischen Lungenfisches können sich bis zu vier Jahre lang in einem todesartigen Zustand verkapseln. Dazu vergraben sie sich im Schlamm und füllen die Höhle mit ihrem eigenen Schleim. Sie atmen durch ein im Schleim verbliebenes Loch. Zu essen haben sie in dieser Zeit nichts; sie leben von ihrem Muskelgewebe und ihren Ausscheidungen, die sie speichern. Den Schwanz haben sie über die Augen gelegt, damit die nicht austrocknen.

JAGUARE KAUEN AN DEN BLÄTTERN DER CAAPI-PFLANZE UND NUTZEN DIE HALLUZINOGENE WIRKUNG, VERMUTLICH UM IHRE SINNE ZU SCHÄRFEN UND BESSER ZU JAGEN.

Für die BBC-Sendung *Weird Nature* filmte das Team einen Jaguar, der die Pflanze *Banisteriopsis caapi* aufsuchte und ihre Blätter kaute. Danach rollte sich das Tier auf dem Boden herum, offensichtlich unter der Wirkung der in dieser Pflanze enthaltenen Halluzinogene. Die Indios im westlichen Amazonasland brauen aus den Blättern einen psychedelisch wirkenden Trank namens Ayahuasca oder Yagé, den sie in religiösen Ritualen unter anderem vor der Jagd trinken, denn unter dem Einfluss von Ayahuasca wird beispielsweise das Gehör geschärft. Es heißt, dass auch Großkatzen wie der Jaguar die Wirkung dieser Pflanze kennen. Eine Unterart, das Tigri-Huasca, bekam seinen Namen, da Jaguare seine Blätter angeblich besonders gern fressen. Ayahuasca unterliegt in Deutschland (noch) nicht dem Betäubungsmittelgesetz. Aber Vorsicht: Mögliche Nebenwirkungen sind Erbrechen, Durchfall oder vorübergehende psychotische Zustände.

ES GEHT IMMER NUR UM DAS EINE

DIE AUFREISSER UND SEXSÜCHTIGEN

Wenn Sex in der Tierwelt nicht total abgefahren ist, dann wissen wir es auch nicht. Etliche Tiere – und nicht nur Insekten! – sterben nach der Paarung … und dann gibt es da noch 30-minütige Orgasmen, Keuschheitsgürtel und explodierende Hoden.

BEI DEN PLATTWÜRMERN, DIE ZWITTERWESEN SIND, KOMMT ES BEIM GESCHLECHTSAKT ZU EINEM PENISKAMPF, BEI DEM JEDER VERSUCHT, DEN PENIS BEIM ANDEREN EINZUFÜHREN.

Wenn man irgendwo an der Adria am Strand liegt, befindet man sich sehr wahrscheinlich, ohne es zu wissen, inmitten einer gigantischen Orgie. Denn dort lebt der maximal anderthalb Millimeter lange Plattwurm, dessen Lieblingsbeschäftigungen Fressen und Sex sind. Bis zu 14 Mal in der Stunde begehen Plattwürmer den Fortpflanzungsakt. Dieser ist sehr speziell. Idealerweise führen beide Tiere sich gegenseitig penisartige Stilette in die weiblichen Sexualorgane ein. Es kommt aber auch vor, dass der Stilettpenis einfach irgendwo in einen anderen Wurm gerammt und diesem das Sperma unter die Haut gespritzt wird; Biologen nennen das hypodermale Besamung. Bei bestimmten Meereswürmern scheint diese Überwältigungsstrategie der Standard zu sein. Evolutionsbiologen haben festgestellt, dass die Würmer ihre Penisform und ihr Verhalten an die bevorzugte Sexualpraxis angepasst haben. Selbst die Form der Spermien unterscheidet sich je nach bevorzugter Praxis. Die Ursache für die Entwicklung der harpunenartigen Hautbesamung liegt im Zwitterdasein der Würmer begründet: Sie haben eine Art Sexualkonflikt, müssen sich entscheiden, ob sie ihre Gene lieber durch Spermien verbreiten oder durch Eizellen. Da sich die meisten offensichtlich für den männlichen Weg entschieden haben, versuchen sie unerwünscht erhaltenes Sperma aus ihren weiblichen Organen herauszusaugen. Um das zu verhindern, hat die Evolution die brutal anmutende Stichbesamung unter die Haut entwickelt.

D ie Vitex-Pflanze ist im tropischen Afrika weit verbreitet; es gibt viele Arten. Die Paviane in Nigeria fressen besonders gern die Früchte der Vitex doniana, auch „Schwarze Pflaume" genannt – nicht nur, weil sie schmeckt, sondern auch, weil sie einen handfesten medizinischen Nutzen hat. Dies fanden Forscher heraus, die u.a. den Kot einer Gruppe von Pavianweibchen untersuchten, die regelmäßig Vitex-Früchte aßen. Darin fand sich eine hohe Konzentration an Progestagenen, also natürlichen Schwangerschaftshormonen. Ähnliche Hormone – natürlich künstlich hergestellt – stecken auch in der Antibabypille, denn sie unterdrücken den weiblichen Zyklus und verhindern so eine Schwangerschaft.

PAVIANWEIBCHEN IN NIGERIA VERHÜTEN MIT DEN FRÜCHTEN DER PFLANZE VITEX DONIANA, IN DENEN DAS HORMON PROGESTAGEN ENTHALTEN IST.

Noch dazu bewirken diese Hormone, dass die Genitalregion der Pavianweibchen nicht so stark anschwillt wie sonst, was natürlich dazu führt, dass sie von Männchen nicht mehr als paarungsbereit wahrgenommen werden. Ob die Tiere absichtlich verhüten, weiß man nicht genau, aber sie essen die meisten Vitexfrüchte, wenn es kühl und nass ist – vielleicht, weil sie dann krankheitsanfälliger sind.

LÖWEN PAAREN SICH MANCHMAL ÜBER 50 MAL AM TAG, ALSO ALLE 15 MINUTEN.

D er Löwe steht für Kraft und Stolz. Nicht aber für Fleiß, denn meistens liegt er faul in der Gegend herum und schläft, und das sogar bis zu 20 Stunden am Tag. Während er sein Nickerchen macht, geht die Löwin auf die Jagd. Nur wenn die Brunft ansteht, muss der Löwe seine Lethargie ablegen, denn dann paaren sich Löwen um die 50 Mal am Tag – alle 15 Minuten einmal, wobei die Kopulation selbst

nur ungefähr 30 Sekunden dauert. Erst nach etwa fünf Tagen darf der Löwe sich wieder seiner Lieblingsbeschäftigung, dem Nickerchen, widmen, denn dann lässt die Paarungsbereitschaft der Löwin nach und wenn alles geklappt hat, wird sie vier Monate später ein bis vier Löwenbabys zur Welt bringen. Dann hat sich der Einsatz für den Löwen wenigstens gelohnt.

ELEFANTEN MASTURBIEREN MIT IHREM RÜSSEL.

Der Rüssel eines Elefanten ist eine einzigartige Erfindung der Natur (siehe auch S. 55 und 56). Dieses Riechorgan besteht aus 40.000 miteinander verflochtenen Muskeln. Das macht den Rüssel neben seiner Funktion als Nase zu einem hochsensiblen Greifinstrument, das der Elefant ähnlich einsetzen kann wie der Mensch seine Hand. Und auch ähnlich wie der Mann seine Hand benutzt der männliche Elefant seinen Rüssel zum Masturbieren. Beim Elefanten ist nicht nur das Riechorgan enorm groß, sondern auch der Penis. Und das nicht nur, weil der Elefant eben ein großes Tier ist – auch im Verhältnis zur Körpergröße ist der Elefantenpenis bemerkenswert groß und erreicht bei einem sexuell erregten Elefanten eine Länge von anderthalb Metern. Elefanten setzen ihren Rüssel aber nicht nur zur Selbstbefriedigung ein, sondern auch, wenn sie homosexuell sind. Dann neigen Elefantenbullen dazu, sich gegenseitig mit ihren Rüsseln zu stimulieren.

MÄNNLICHE BREITFUSS-BEUTELMÄUSE STERBEN NACH DER PAARUNG – SIE KOPULIEREN MIT BIS ZU 16 WEIBCHEN BIS ZU 12 STUNDEN AM STÜCK.

Die Breitfuß-Beutelmaus-Männchen verausgaben sich bei der Fortpflanzung so sehr, dass sie direkt nach der Paarung sterben. Anders als bei anderen kleinen Säugern findet im Jahr nur eine Reproduktionsphase statt – gleichzeitig bei allen Breitfuß-Beutelmäusen. In dieser Zeit dann versammeln sich die Männchen in Nestern, wo sie von den Weibchen aufgesucht werden. Der Geschlechtsakt dauert dann unglaubliche 12 bis 14 Stunden. Dabei speichert das Weibchen das Sperma verschiedener Männchen im Eileiter, so dass der Nachwuchs von verschiedenen Vätern sein kann. Die Männchen laugen beim Sex ihre Muskeln und ihr Körpergewebe aus. Die eigentliche Todesursache ist aber gigantischer Stress vor und während der Paarung: Die ausgeschütteten Stresshormone würden normalerweise abgebaut, aber der gleichzeitig hohe Level an Sexualhormonen verhindert dies. Schließlich bricht das Immunsystem zusammen und die männlichen Beutelmäuse sterben – genauso synchron, wie sie sich zuvor gepaart haben.

GRAUSCHABEN BEVORZUGEN BEI DER PAARUNG VERSAGER UND SCHWÄCHLINGE, UM VERLETZUNGEN BEIM SEX ZU VERMEIDEN.

Die Weibchen einer Kakerlakenart, die auch als Grauschabe bekannt ist, wählen als Sexualpartner nicht etwa die stärksten Männchen, sondern die schwachen Exemplare, die von den dominanten Tieren ständig unterdrückt werden. Allen Moore von der University of Kentucky hat eine Erklärung für das verblüffende Paarungsverhalten: Die weiblichen Schaben suchen sich aus reinem Selbstzweck die schwächlichen Liebhaber, da sie andernfalls Gefahr laufen, beim Fortpflanzungsakt verletzt zu werden. Die Dominanz einer Schabe lässt sich am Geruch erkennen. Schaben produzieren drei verschiedene Pheromone. Zwei davon signalisieren Stärke; wenn jedoch der dritte Geruchsstoff überwiegt, ist es eine schwache Grauschabe. Das Weibchen verschmäht nach Möglichkeit die nach Dominanz duftenden Männchen. Moore sieht darin einen Teufelskreis: Werden die dominanten Männchen verschmäht, macht sie das noch aggressiver, die Schwächlinge müssen noch mehr leiden und die dominanten Schaben kommen bei den Weibchen auch zum Zug. Letzten Endes reguliert genau das ein ausgewogenes Verhältnis starker und schwacher Schaben in der Kakerlakenkolonie.

KLAPPERSCHLANGEN HABEN BIS ZU 23 STUNDEN SEX. DAS MÄNNCHEN HAT ZWEI MIT DORNEN BESETZTE PENISSE.

So mancher Mann träumt vielleicht von der Potenz und der Anatomie einer männlichen Klapperschlange, denn diese paart sich bis zu 23 Stunden lang und besitzt nicht nur einen, sondern gleich zwei Penisse, die sogenannten Hemipenisse. Diese befinden sich seitlich der Kloake in je einer ausstülpbaren Tasche und besitzen je einen dornartigen Stachel. Als die ersten Wirbeltiere das Wasser verließen und an Land gingen, mussten einige Körperteile umgebaut werden. Dazu gehörten auch die Geschlechtsorgane. Emma Sherratt von der Harvard University hat diese Entwicklung

erforscht und festgestellt, dass ursprünglich alle Landwirbeltiere zwei Penisse hatten. Für die weiteren unterschiedlichen Entwicklungen sei die Kloake verantwortlich. Bei diesem Organ handelt es sich um eine gemeinsame Öffnung für alles, was der Körper ausscheidet, also Kot, Urin, Spermien und Eizellen (bevor die Befruchtung sich ins Körperinnere verlagert hatte), und sie war ursprünglich bei allen Wirbeltieren vorhanden. Erst später entwickelten sich getrennte Öffnungen. Aus der Kloake sind im Laufe der Evolution Penis und Vulva entstanden. Bei den Schuppenkriechtieren, zu denen auch die Klapperschlange gehört, befand sich die Kloake genau zwischen den Beinknospen, so dass sich paarige Geschlechtsteile herausbildeten. Bei anderen Tieren ist die Kloake zusammen mit Vulva und Penis Richtung Schwanzansatz in die Körpermitte gewandert.

DER AMAZONENKÄRPFLING IST EINE TIERART, DIE NUR AUS WEIBCHEN BESTEHT.

Die Amazonaskärpflinge zählen zu den lebendgebärenden Karpfen und skurrilerweise gibt es von diesem Fisch nur Weibchen. Der Kärpfling kommt in einem eng begrenzten Gebiet zwischen dem Südosten Texas' und dem Norden Mexikos vor. Um sich fortpflanzen zu können, sind die Amazonenkärpflinge auf das Sperma verwandter Arten angewiesen, können also nur dort überleben, wo es auch passende Spermaspender gibt. Dabei benötigen sie das Sperma lediglich, um die Entwicklung der Eizelle anzuregen; das Genmaterial des Spermas wird nicht genutzt. Diese Form der Fortpflanzung nennt man Gynogenese. Dabei wird ein Klon der Eizelle erzeugt. Die weiblichen Amazonenkärpflinge sind nicht nur von Spermaspendern abhängig, sondern konkurrieren mit diesen auch um ökologische Ressourcen, daher müssen Konkurrenz und notwendige Koexistenz ständig miteinander ausbalanciert werden.

WENN EINE MÄNNLICHE BIENE WÄHREND DES GESCHLECHTSVERKEHRS ZUM HÖHEPUNKT KOMMT, WIRD DER PENIS EXPLOSIONSARTIG AUS IHR HERAUSGERISSEN UND SIE STIRBT.

W as bei manchen Männern nur eine Vermutung ist, bei der männlichen Biene ist es Gewissheit: Ihre einzige Bestimmung ist Sex. Wenn die Drohnen im Mai ausschwärmen, um die Bienenkönigin zu begatten, ist dies zugleich ihre erste und letzte Mission, denn Sex ist für Drohnen tödlich. Der Penis der Drohne ist in das Bauchinnere gestülpt und wird nur für den Geschlechtsakt ausgefahren. Die Drohne pumpt ihre komplette Körperflüssigkeit in den Penis, und sobald sie ejakuliert, wird der Penis in einer gewaltigen Explosion aus ihr herausgerissen – und die inneren Organe gleich mit. Der Penis allein bleibt wie ein Keuschheitsgürtel in der Königin stecken und muss erst von den Arbeiterbienen entfernt werden, bevor sich die nächste Drohne opfern darf. Der Geschlechtsakt samt Explosion findet in 15 Metern Höhe statt. Vielleicht ist es ja ein schöner Tod. Der Bienenkönigin reicht das Sperma verschiedener Drohnen, das sie bei ihrem Hochzeitsflug eingesammelt hat, für ihr ganzes Leben: In einer Samenblase kann sie die Spermien jahrelang lagern und bei Bedarf hervorkramen.

Weinbergschnecken sind Zwitter. Das ist von großem Vorteil, weil sich Schnecken so langsam bewegen, dass sie nur sehr selten eine andere Schnecke treffen. Als Zwitter liegen die Fortpflanzungschancen bei einer Begegnung dann wenigstens bei 100 Prozent statt bei 50. Während des Liebesspiels können Schnecken einen Kalkpfeil, den sogenannten Liebespfeil, abschießen. Diesen Pfeil rammt die eine Schnecke der anderen in den Leib. Die gestochene Schnecke ist daraufhin wesentlich erregter und aktiver. Der Pfeil ist 7 bis 11 Millimeter lang und besteht aus einer vierschneidigen Klinge und einer Krone, mit der der Pfeil im Ruhezustand in einer Art Pfeilsack sitzt. Die Liebespfeile haben nicht nur eine aphrodisierende Wirkung, sondern transportieren auch ein Sekret, das Hormone enthält und die Chancen der pfeilabschießenden Schnecke auf Vererbung ihrer Gene erhöht. Ist der Pfeil einmal verschossen, kann die Schnecke einen neuen produzieren. Die Anzahl reicht aber nicht für alle Paarungen – die Neuproduktion braucht, wie alles bei Schnecken, ihre Zeit.

WEINBERGSCHNECKEN SCHIESSEN IHREN PARTNERN ZUR SEXUELLEN STIMULATION EINEN LIEBESPFEIL IN DEN KÖRPER.

MÄNNLICHE FLEDERMÄUSE HABEN ENTWEDER GROSSE HODEN ODER EIN GROSSES HIRN. BEIDES ZUSAMMEN GEHT NICHT.

Wir haben es doch schon immer geahnt: Hirn und Hoden sind Organe, die sehr viel Körperenergie benötigen, daher wird in der Biologie häufig an einem von beiden gespart. Das fanden Forscher jedenfalls für Fledermäuse heraus. Manche Fledermäuse besitzen Geschlechtsorgane von enormer Größe; allein die Hoden können bis zu 8,5 Prozent des Körpergewichtes ausmachen. Analog dazu müsste ein 90 Kilogramm schwerer Mann mehr als 15 Pfund Hoden mit sich herumtragen. Ein Wissenschaftlerteam um Scott Pitnick von der Syracuse University hat 334 Fledermaus- und Flughundarten untersucht und festgestellt, dass die Größe der Hoden nicht nur die Anzahl des Nachwuchses beeinflusst, sondern auch die Größe des Gehirns. Schuld an der überproportionalen Ausstattung des Unterstübchens haben allerdings die Weibchen. Erst deren Promiskuität hat bei den Männchen der betreffenden Spezies dazu geführt, dass zu Lasten des Gehirns in die Fortpflanzungsorgane investiert wurde. Bei Arten mit monogam veranlagten Weibchen waren die Gehirne größer.

Das Wort „Orgasmus" ist vielleicht etwas irreführend, da wir ja nicht wissen, was genau der Eber im Moment seiner Ejakulation spürt. Aber es stimmt, dass diese sehr lange dauern kann. In freier Wildbahn ist der Sex zwischen Schweinen oft kürzer als unter künstlichen Bedingungen – die heute leider einen Großteil der Deckakte eines Ebers ausmachen. Hierbei bespringt der Eber eine künstliche „Sau", wobei ihm eine menschliche Hand im Gummihandschuh behilflich ist. Der Penis des Ebers sieht ein wenig aus wie ein Korkenzieher, da er sich beim natürlichen Deckakt in den Gebärmutterhals der Sau „einschraubt". Der Eber benötigt viel Druck auf den Penis, um eine Ejakulation zu bekommen, und ejakuliert dann in mehreren Schüben, was insgesamt zwischen 6 und 30 Minuten dauern kann – also in jedem Fall viel länger als beim Menschen. Richtet man sich nach den guten Tipps der Schweinezüchter, sollte man den Eber auf keinen Fall in seinem Tun unterbrechen, sondern den gesamten Orgasmus abwarten – andernfalls wird er verständlicherweise sehr sauer!

MÄNNLICHE SCHWEINE HABEN EINEN BIS ZU 30 MINUTEN LANGEN ORGASMUS.

BÄRTIERCHEN STIMULIEREN SICH BEIM SEX GEGENSEITIG.

Bärtierchen sind achtbeinige, weniger als einen Millimeter kleine Tiere, die ihren Namen wegen ihres langsamen, etwas tapsigen Ganges bekommen haben. Bekannt sind sie dafür, in einem todesähnlichen Austrocknungszustand schwere Zeiten überleben zu können. Interessant ist aber auch ihre Fortpflanzung: Bei manchen Arten macht das Weibchen alles allein; die Eier werden also nicht von einem Männchen befruchtet. Andere Arten sind Zwitterwesen, die zur Befruchtung der Eier eine Art Geschlechtsverkehr haben, obwohl die Eier außerhalb des Körpers befruchtet werden: Ein Tierchen häutet sich und legt in diese Hülle seine Eier ab. Danach stimulieren sich die beiden Tierchen gegenseitig, bis das Tier, das gerade die männliche Rolle innehat, aus einer Körperöffnung Samen in die Eierhülle ausscheidet. Funktioniert dies nicht richtig, werden die Eier vom Weibchen wieder „eingesammelt".

KAPUZINERAFFENMÄNNCHEN REIBEN SICH MIT IHREM URIN EIN, UM WEIBCHEN ZU BETÖREN.

Sie pinkeln sich tatsächlich auf die Hände und reiben dann ihr Fell mit ihrem Urin ein, bevor sie sich einem Weibchen nähern. Aber bringt das auch wirklich etwas; lässt sich das Weibchen durch den Urinduft verführen? Das wollten Forscher der Trinity University in San Antonio, Texas, wissen. Sie untersuchten die Gehirnaktivität von Kapuzineraffenweibchen, wenn diese am männlichen Urin schnüffelten, und stellten fest, dass die Aktivität deutlich höher war, wenn es sich um den Urin geschlechtsreifer Männchen handelte – bei dem Urin von Jungtieren passierte nicht viel. Es dürfte also der hohe Testosterongehalt im Urin sein, der die Weibchen anzieht, und das funktioniert ziemlich gut. Zur Nachahmung ist dieses Vorgehen aber eher nicht empfohlen …

WEIBLICHE KOALAS HABEN ZWEI VAGINEN. DIE MÄNNLICHEN BESITZEN DAFÜR EINEN GABELFÖRMIGEN PENIS.

Die Tierwelt Australiens ist immer wieder für eine Überraschung gut. Säugetiere, die aus Eiern schlüpfen oder ihre unterentwickelten Jungtiere in Beuteln herumschleppen – da wird schnell klar, dass die Fortpflanzung „down under" etwas anders läuft. Das fängt schon beim Aufbau des Fortpflanzungstraktes an. Beuteltierweibchen haben nämlich gleich zwei Gebärmütter – und auch zwei Vaginen, die voneinander getrennt liegen. Zur Befruchtung sind die Männchen bei Koala, Känguru und Co. entsprechend ausgestattet: Ihr Penis ist gespalten, um in beide Vaginen gleichzeitig eindringen zu können. Erst kurz vor der Geburt eines Jungtiers entsteht zwischen den beiden Scheiden der Geburtskanal. Der doppelte Fortpflanzungstrakt dient aber nicht etwa dazu, ständig Zwillinge auszutragen, denn Koalas bringen nur ein Junges zur Welt. Trotzdem entsteht im zweiten Uterus ebenfalls ein Embryo – ein Ersatzembryo, der sich nur dann weiterentwickelt, wenn der Fötus im Beutel stirbt. So erhöht sich die Überlebenschance der Spezies. Auch für Koalas gilt also: Regelmäßig Back-ups machen.

DIE GRÖSSTE REPTILIENVERSAMMLUNG DER WELT IST DIE PAARUNG DER STRUMPFBANDNATTERN, BEI DER SICH ZEHNTAUSENDE TREFFEN.

Im kanadischen Manitoba treffen sich alljährlich nach dem Winterschlaf zehntausende Strumpfbandnattern, um sich fortzupflanzen. Die Paarungszeit beträgt zwischen 1 und 3 Wochen. Zunächst erwachen die kleineren männlichen Schlangen aus dem Winterschlaf, um sich auf die Paarung vorzubereiten, denn allein das Aufwärmen nimmt einige Zeit in Anspruch. Die Weibchen folgen etwas später. Ein zu spät kommendes Männchen tarnt sich als Weibchen, um von den Konkurrenten aufgewärmt zu werden. Die weiblichen Nattern produzieren Pheromone, mit denen sie die Männchen anlocken; bald ist jedes Weibchen von etlichen, manchmal hunderten männlichen Schlangen umringt. Für die Weibchen eine unglaublich stressige Angelegenheit. Die weiblichen Strumpfbandnattern sind in der Lage, die Spermien jahrelang zu speichern. Nach der Befruchtung wachsen die Jungen im unteren Rumpfabschnitt der Mutterschlange heran und werden nach 2 bis 3 Monaten lebend geboren – zwischen drei und 80 neugeborene Schlangen.

MÄNNLICHE MAULWÜRFE LEGEN IHREN WEIBCHEN NACH DEM AKT EINEN BIOLOGISCHEN KEUSCHHEITSGÜRTEL AN, UM KONKURRENTEN VON DER FORTPFLANZUNG ABZUHALTEN.

Maulwürfe sind Einzelgänger und finden sich nur während der Paarungszeit im März und April zusammen. Während das Männchen auf Brautschau ist, weitet es sein Revier erheblich aus, und zwar vor allem unterirdisch. Sein Gangsystem kann sich dann über mehrere hundert Meter erstrecken. Das produziert natürlich eine Menge Abraum und der hinterlässt zum Ärgernis der Gärtner die unbeliebten Maulwurfshügel. Während der Brunftzeit warten die Weibchen in ihrem Bau auf ein Männchen. Jetzt ist gutes Timing gefragt, denn die Damen sind nur etwa 30 Stunden lang paarungsbereit. Kommt das Männchen zu spät, wird es fauchend verscheucht. Ist es aber rechtzeitig da, findet der Akt unten im Bau statt. Anschließend legt der Maulwurf dem Weibchen eine Art biologischen Keuschheitsgürtel um: Mit einem Pfropf aus einem harzähnlichen Material verschließt das Männchen die Vagina des befruchteten Weibchens und verhindert so, dass eventuelle Nebenbuhler ihre Chance bekommen.

MÄNNLICHE GUPPY-FISCHE ABSOLVIEREN EINE ART MUTPROBE, UM DIE WEIBCHEN ZU BEEINDRUCKEN: WER TRAUT SICH NÄHER AN EINEN RAUBFISCH HERAN?

Auch in der Tierwelt haben die Männchen den meisten Erfolg, die besonders schön oder wenigstens verhaltensauffällig sind. Evolutionsbiologen sehen den Grund dafür in der Tatsache, dass Spermien millionenfach gebildet werden und um die vergleichsweise wenigen Eizellen buhlen müssen. Da muss Mann sich schon was einfallen lassen. Das dachte sich auch der Guppy. Dieser Fisch begeht im Beisein paarungsbereiter Weibchen eine lebensgefährliche Mutprobe: Er nähert sich vorsichtig, oft zusammen mit einem ebenso todesmutigen Kumpel, einem Raubfisch. Sind keine Weibchen in der Nähe, halten die Guppys einen viel größeren Sicherheitsabstand zu Fressfeinden. Je näher der Guppy sich an den Feind heranwagt, umso größer seine Attraktivität. Um diese These zu überprüfen, haben Wissenschaftler Männchen in Plexiglasröhren gesteckt und den Abstand zum Feind selbst reguliert. Und ihre Annahme wurde bestätigt: Die Weibchen bevorzugten die mutigen Fische. Außerdem fanden die Forscher heraus, dass die wagemutigsten Fische die mit den leuchtendsten Farben waren. Das würde die Evolution der weiblichen Präferenz für kräftige Farben erklären.

HÖHER, SCHNELLER, WEITER
DIE REKORDVERDÄCHTIGEN, SPORTLER UND STREBER

H ier versammeln sich die längsten, größten (oder auch kleinsten), schnellsten (oder auch langsamsten), ältesten, lautesten, springfreudigsten oder sonstwie rekordverdächtigen Tiere.

DER SPEICHEL EINES CHAMÄLEONS IST 400 MAL KLEBRIGER ALS MENSCHLICHER SPEICHEL.

Chamäleons sind nicht nur Meister der Tarnung, sie haben auch ihre Jagdtechnik perfektioniert. Still warten sie, bis sich die Insektenbeute nähert und schnappen sie dann mit ihrer Zunge, die sie bis zur doppelten Länge ihres Körpers ausfahren. Chamäleons können Insekten erbeuten, die doppelt so schwer sind wie sie selbst, und dies liegt auch an der besonderen Zusammensetzung ihres Speichels. Belgische Forscher fanden heraus, dass dieser besonders zäh und klebrig ist. Sie benetzten hierzu Perlen mit Chamäleonspeichel und ließen sie dann eine schräge Oberfläche herunterrollen, um zu messen, wie stark die Perle durch den Speichel gebremst wurde. An die Spucke vom Chamäleon kamen sie ganz einfach heran: Sie setzten ein Beutetier hinter eine Glasscheibe und warteten darauf, dass das Chamäleon zuschlug. Auch beim Chamäleon setzt also der Verstand anscheinend bei der Aussicht auf eine leckere Mahlzeit kurzfristig aus.

HASEN KÖNNEN 360 GRAD IHRER UMGEBUNG SEHEN.

Diese Rundumsicht ist durch die Anatomie der Tiere bedingt. Die Augen von Menschen sind frontal angebracht, daher ist unser Gesichtsfeld beschränkt. Feldhasen und Wildkaninchen haben seitlich angeordnete Augen, die besonders stark hervortreten und nur von wenig Fell umgeben sind. So erweitert sich ihr Gesichtsfeld auf 360 Grad. Für Tiere so weit unten in der Nahrungskette ist das überlebenswichtig; Fressfeinde wie der Falke lauern schließlich auch in der Luft. Die 360-Grad-Sicht geht auf Kosten des räumlichen Sehvermögens, welches nämlich nur möglich ist, wenn sich die Bilder beider Augen überlappen können. Durch ihre seitlichen Augen haben Kaninchen und Hasen so einen blinden Fleck direkt vor dem Gesicht. Das kompensieren sie durch ihren guten Geruchssinn und die empfindlichen Ohren. Neigt euer Hauskaninchen den Kopf zur Seite, versucht es also vielleicht, euch gerade in die Augen zu schauen.

GIRAFFEN BRAUCHEN NUR 1 BIS 35 MINUTEN SCHLAF AM STÜCK.

Das Schweizer Forscherteam Tobler und Schwierin vom pharmakologischen Institut der Universität Zürich filmte eine Herde Giraffen im Zoo über fünf Monate lang, um ihr Schlafverhalten zu studieren. Das Ergebnis war erstaunlich: Giraffen schlafen weniger als die meisten anderen Säugetiere, nämlich nur etwa 5 Stunden insgesamt. Die einzelnen Schlafphasen waren dabei nie länger als 35 Minuten. 24 Prozent der Schlafphasen waren sogar kürzer als eine einzige Minute. Seht ihr eine Giraffe im Zoo, die nur herumsteht, könnte es also sein, dass sie gerade einen kleinen Powernap hält, denn die langhalsigen Tiere können auch im Stehen schlafen. Falls plötzlich ein Raubtier auftaucht, müssen sie dann nicht erst mühsam aufstehen. Durch dieses unregelmäßige, spontane Einschlafen in allen möglichen Positionen ist es auch äußerst schwierig, das Schlafverhalten wilder Giraffen zu studieren.

LIBELLEN SIND BRUTALE UND EFFIZIENTE JÄGER: IHRE ERFOLGSQUOTE IST VIEL HÖHER ALS DIE VON AFRIKANISCHEN LÖWEN ODER WEISSEN HAIEN.

Wer Libellen sieht, staunt über ihre gewagten Flugmanöver. Vollbremsungen, Senkrechtflug oder Loopings sind für die wendigen Tiere kein Problem. Beim Anblick der schillernd-eleganten Insekten vergisst man leicht, dass man eiskalte Killer vor sich hat: Libellen sind erfolgreicher als gefürchtete Jäger wie der Löwe oder der Weiße Hai: Der Löwe hat beim Jagen lediglich eine Erfolgsquote von 50 und der weiße Hai von 25 Prozent. Der besondere Flugapparat der Libelle reicht als Erklärung für ihre tödliche Effizienz aber nicht aus: Amerikanische Forscher konnten nun nachweisen, dass in den Nervenzellen der Libellen komplexe Vektorberechnungen ablaufen. Das bedeutet, dass Libellen in über 90 Prozent der Fälle vorhersehen können, wo ihre Beutetiere sich hinbewegen. Die Jagd dauert dann oft nur eine halbe Sekunde. Den Libellen geht es natürlich nicht um Rekorde. Für sie ist Effizienz lebensnotwendig, denn ihre winzigen Beutetiere enthalten nicht viele Kalorien. Da bleiben kaum Reserven für Misserfolge. Außerdem könnten sie selbst zur Beute von Vögeln werden, wenn sie sich zu lang auf die Jagd konzentrieren. Solche Sorgen haben Löwen und Haie nicht.

DIE ÄLTESTE KATZE WURDE 38 JAHRE UND DREI TAGE ALT UND HIESS CREME PUFF.

Die Katze „Creme Puff" lebte vom 3. August 1967 bis zum 6. August 2005 bei ihrem Besitzer Jake Perry in Austin, Texas. Ins Guinness-Buch der Rekorde wurde sie im Jahr 2010 als älteste Katze, die je gelebt hat, aufgenommen. Jake Perry hatte zuvor eine andere Katze namens „Granpa", die angeblich 1964 in Paris geboren und 1998 im Alter von 34 Jahren und zwei Monaten gestorben sein soll. Granpa wurde 1999 posthum vom *Cats & Kitten Magazine* als Katze des Jahres ausgezeichnet. Auch er wurde in einer älteren Ausgabe des Guinness-Buchs der Rekorde erwähnt. Perry gab zu Protokoll, dass zu den bevorzugten Speisen seiner Tiere Eier, Speck, Brokkoli und Spargel gehörten. Zum Frühstück durfte eine gute Tasse Kaffee mit Sahne nicht fehlen. Wohnungskatzen werden gewöhnlich nur 12 bis 15 Jahre alt …

Wenn es Vielschwimmermeilen gäbe, bekäme der atlantische Lachs tolle Prämien. Mehr als 3000 km legen die Wanderfische von ihrer Kinderstube in den Gebirgsbächen der Voralpen bis zu ihren Jagdgründen vor der Küste Grönlands zurück. Jahre später schwimmen sie die gleiche Strecke zurück, um sich fortzupflanzen. Dass die Lachse vom fernen Nordatlantik wieder an genau den Ort finden, an dem sie geboren wurden, liegt an ihren phänomenalen Sinnesleistungen. Zum einen können Lachse das Magnetfeld der Erde spüren. Darüber hinaus haben sie einen genialen Geruchssinn. Den speziellen Geruch „ihres" Flusses nehmen sie bereits über hunderte Kilometer hinweg wahr, sagen Wissenschaftler. Ihr Geruchssinn ist dem des Hundes tausendfach überlegen. Das Wasser um sie herum verrät ihnen genau, ob sie auf dem richtigen Weg sind. Dass trotzdem nur wenige Lachse die Reise zurück zu ihrem Geburtsort schaffen, liegt an Hindernissen auf dem Weg, am harten Kampf gegen die Strömung – und an den vielen Menschen und Tieren, die Lachs zum Fressen gern haben.

DER GERUCHSSINN DES ATLANTISCHEN LACHSES IST 1000 MAL BESSER ALS DER EINES HUNDES.

SCHON GEWUSST? Fische sehen nicht besonders gut. Da sie oft in trüben Gewässern unterwegs sind und im tiefen Wasser sowieso nicht viel Licht ankommt, brauchen Fische auch keine scharfen Augen. Sie verlassen sich mehr auf ihren Geruchssinn. Die Nase von Forellen etwa ist mehr als eine Million Mal feiner als die des Menschen. Der Lachs verwendet seine halbe Gehirnleistung auf das Riechen. Welse nehmen Gerüche sogar mit dem ganzen Körper wahr. Wie machen die das bloß? Für Fische sind Geruch und Geschmack das gleiche. Sie filtern Informationen aus dem Wasser, das sie trinken und atmen. Ihre Geruchskammer ist so dicht mit Nervenenden ausgekleidet, dass sie auch winzigste Unterschiede im Wasser registrieren kann. Fische riechen deshalb genau, in welcher Richtung sich Nahrungsquelle, Flussmündung oder Gefahr befinden. Der Aal nimmt schon ein einziges Molekül eines Duftstoffs wahr. Er hat den besten bekannten Geruchssinn im Tierreich. Dass die Küstenwache demnächst Drogenspüraale einsetzt, ist aber eher unwahrscheinlich.

FRÜHER GAB ES PINGUINE, DIE SO GROSS WAREN WIE MENSCHEN.

Wir Menschen haben uns schon immer besonders zu Pinguinen hingezogen gefühlt – vielleicht, weil diese einzigartigen Vögel so aufrecht gehen wie wir selbst, und wir das putzig finden. Die Pinguine, die heute auf der Südhalbkugel leben, haben unterschiedliche Größen; der Zwergpinguin ist nur 30 Zentimeter hoch, der Kaiserpinguin ist mit 1,20 Metern (und 40 kg Gewicht) der größte. Doch alle paar Jahre gibt es Aufsehen erregende Fossilienfunde, die belegen, dass es Pinguine und deren Vorfahren schon seit Millionen von Jahren gibt, und dass die Urzeitpinguine um Einiges größer waren als die heutigen. So wurden 2010 in Peru die Überreste eines Pinguins gefunden, der 1,50 Meter groß gewesen sein soll. Doch ein Fund im Jahr 2014 schoss den Vogel ab: In der Antarktis fand man Fossilien des Pinguin-Vorläufers *Palaeeudyptes klekowskii*, der vor 36 bis 40 Millionen Jahren lebte. Der Vogel war sage und schreibe 2 Meter lang und muss um die 115 kg gewogen haben. Die Vorstellung, so einem zu begegnen, ist dann doch nicht mehr so putzig …

DIE HAUT EINES HONIGDACHSES IST SO DICK, DASS SIE MACHETENSTICHE, PFEILE UND SPEERE AUSHALTEN KANN.

Der Honigdachs, der zur Familie der Marder gehört und hauptsächlich in Afrika, arabischen Ländern und Indien lebt, sieht harmlos und possierlich aus, hat es aber in sich! Der etwa schäferhundgroße Dachs wird im Guinness-Buch der Rekorde als „furchtlosestes Tier der Welt" geführt. Selbst den gefährlichsten Tieren (Löwen, Leoparden, Schlangen, Menschen …) stellt er sich mutig entgegen, faucht und greift sie mit seinen scharfen Klauen und spitzen Zähnen an. Dabei können ihm Schlangenbisse, Bienenstiche, Macheten und Pfeile gar nichts anhaben, denn seine gummiartige Haut ist ungewöhnlich dick. Noch dazu hängt sie nur lose an seinem Körper, sodass er sich, wenn er doch mal von den Zähnen eines Raubtiers festgehalten wird, quasi in seiner eigenen Haut umdrehen, so in eine günstigere Position bringen und dem Gegner eine Verletzung beibringen kann. Daher vermeiden es etliche Tiere, in einen Konflikt mit einem Honigdachs zu geraten. Es heißt, das einzige, was durch seine Haut dringen könne, sei eine Gewehrkugel …

AMEISEN MACHEN BIS ZU 250 RUHEPAUSEN TÄGLICH, DIE ABER IMMER NUR EINE MINUTE DAUERN. ANSONSTEN SCHLAFEN SIE NICHT.

Der Eindruck, dass alle Ameisen 24 Stunden am Tag herumwuseln, ist nicht ganz richtig. Wie viele andere Insekten haben auch Ameisen kurze Ruhephasen, in denen sie inaktiv sind. Für uns sieht das aus, als würden sie starr herumstehen, also schlafen. Doch erstens laufen selbst dann im Inneren der Ameise viele Stoffwechselaktivitäten ab (so richtig in unserem Sinne schläft sie nicht), und zweitens sind diese Ruhephasen so kurz, dass wir sie beim Beobachten einer Ameisenkolonie kaum mitbekommen. Forscher fanden heraus, dass Ameisen-Arbeiterinnen täglich bis zu 250 Ruhepausen machen, die jeweils ca. eine Minute dauern. Dies tun sie nie alle gleichzeitig; es ist immer sichergestellt, dass 80 Prozent der Ameisenkolonie zum Arbeiten und zur Verteidigung verfügbar sind. Gibt es wenig zu tun, „schlafen" die Ameisen mehr. Im Gegensatz dazu gönnen sich die Ameisenköniginnen viel mehr Ruhe: Ihr Schlaf ist dem unsrigen ähnlicher und dauert auch länger. Vielleicht ein Grund, weshalb Königinnen mancher Arten über 20 Jahre alt werden, Arbeiterinnen aber nur ein paar Monate bis ca. 2 Jahre.

FAST 400 JAHRE KÖNNEN GRÖNLANDHAIE ALT WERDEN UND SIND DAMIT DIE LANGLEBIGSTEN WIRBELTIERE DER WELT.

Der Grönland- oder Eishai kann bis zu 8 Meter lang werden. Da er trotzdem sehr langsam wächst, hat man schon länger angenommen, dass Grönlandhaie sehr alt werden. Genaueres wurde 2016 durch eine wissenschaftliche Untersuchung ermittelt: Forscher analysierten die Augenlinsen von 28 zwischen 2010 und 2013 gefangenen Grönlandhaien mit der Radiokarbonmethode. Die Augenlinsen deshalb, weil sich die Kerne dieser Linsen nach dem Embryonalstadium des Hais nicht mehr verändern. Mit der Radiokarbonmethode sind Umweltphänomene, die die ganze Welt betrafen und in bestimmten Zeiträumen stattfanden, genau nachweisbar. So fand man in den kleinsten Hai-Exemplaren Spuren der Nukleartests aus den 1950er Jahren; die Haie mussten also mindestens 60 Jahre alt sein. Bei den größeren Haien fand sich dieser „Kernwaffen-Effekt" nicht, dafür gab es andere Spuren, die darauf hindeuteten, dass der mit 5 Metern Länge größte Hai plus/minus 392 Jahre alt geworden sein musste. Ein Ergebnis der Studie war auch, dass die normale Lebenserwartung der Haie mindestens 272 Jahre ist und dass sie mit ca. 150 Jahren geschlechtsreif werden …

DIE HODEN VON SÜDKAPERWALEN WIEGEN 1000 KILOGRAMM.

Man sollte ja meinen, dass der größte aller Wale (und überhaupt aller Tiere auf der Erde), nämlich der Blauwal (bis zu 33 Meter lang und 200 Tonnen schwer), auch die schwersten Hoden hat. Dem ist aber nicht so: Die schwersten Hoden hat der mit bis zu 18 Metern Länge und 80 Tonnen Gewicht vergleichs- weise kleine Südkaperwal. Die Hoden wiegen jeweils 500 Kilo und machen damit zusammen etwa 2 Prozent des Körpergewichts aus. Bei einer Ejakulation können sie 20 Liter Sperma freisetzen. Auf Menschen umgerechnet wäre das, als hätte jemand, der 80 Kilo wiegt, 1,6 Kilo schwere Hoden …

DIE GRÖSSTE QUALLE DER WELT, DIE GELBE HAARQUALLE, IST LÄNGER ALS EIN BLAUWAL.

Der Körper der Qualle – Schirm genannt – ist natürlich nicht so lang, obwohl er einen beachtlichen Durchmesser von einem Meter erreichen kann, aber ihre Tentakeln sind es: bis zu 36 Meter Länge erreichen sie und übertreffen damit den Blauwal um 3 Meter. 70 bis 150 Tentakel besitzt die Qualle, und die haben es in sich, denn wir haben es hier mit dem Tier zu tun, das wir im Volksmund als „Feuerqualle" bezeichnen. Mit den Tentakeln fängt die Qualle kleines Getier, das ihr als Nahrung dient; berührt man die haarfeinen Fäden, wird von Nesselzellen Gift in das Opfer injiziert. Für Menschen ist das nicht tödlich (es sei denn, man hat eine allergische Reaktion), aber sehr unangenehm, wie jeder weiß, der in der Nordsee schon einmal einer solchen Qualle näher begegnet ist. Über die beste Methode, Schmerzen und Rötungen zu lindern, wird gestritten: Die einen sagen, es sei Urin (so zu sehen auch in einer Folge der Serie *Friends*), die anderen schwören auf Rasierschaum …

Die lautesten Lebewesen der Welt sind nicht etwa große Tiere wie der Elefant oder der Löwe, obwohl beide ziemlich kräftige Organe haben und einem ganz schön heftige Ohrenschmerzen bereiten können. Aber die lautesten Tiere leben gar nicht an Land, sondern im Wasser. Das liegt vor allem daran, dass Wasser eine viel höhere Dichte hat als Luft, daher dehnen sich Schallwellen langsamer aus und entwickeln dabei eine größere Stärke. Das allerlauteste Lebewesen der Welt lebt im tropischen und subtropischen Meer und heißt treffender-

KNALL- ODER PISTOLENKREBSE KÖNNEN MIT IHREN SCHEREN EINE LAUTSTÄRKE VON BIS ZU 220 DEZIBEL UND 1000 GRAD HEISSE DRUCKWELLEN ERZEUGEN.

weise Knall- oder Pistolenkrebs. Dieses unscheinbare Tier wird gerade mal 5 Zentimeter groß, kann aber mit seinen Scheren eine Lautstärke von bis zu 220 Dezibel erzeugen. Im Vergleich dazu erzeugt eine Kettensäge nur etwa 110 Dezibel, ein Düsenflugzeug in 30 Meter Entfernung nur 140. Die Unwohlseinsschwelle beim Menschen wird bei 120 Dezibel erreicht und ab 130 Dezibel haben wir Schmerzen. Der kleine Pistolenkrebs fängt mit seinen Scheren Beute, indem er mit der einen Schere das Opfer festhält, mit der anderen „schießt" und dadurch Druckwellen erzeugt, aus denen sich Blasen bilden, die mehrere tausend Grad heiß sind. Ähnlich laut wie der Knallkrebs sind Pottwale, die zur Ortung von Nahrung Klicklaute erzeugen, die 200 Dezibel erreichen und noch mehrere hundert Kilometer entfernt zu hören sind.

MAUERSEGLER KÖNNEN MEHR ALS ZEHN MONATE OHNE JEGLICHEN BODENKONTAKT IN DER LUFT VERBRINGEN.

Mauersegler können zehn Monate am Stück in der Luft bleiben, und in der Regel tun sie das auch. Zu diesem verblüffendem Ergebnis kommt eine Studie der schwedischen Universität Lund. Das ist absoluter Rekord in der Tierwelt; keine andere Vogelart verbringt ähnlich viel Zeit im Flug. Die schwedischen Biologen hatten 13 Mauersegler mit Sendern ausgestattet. Nur während der zweimonatigen Brutphase, an der sich beide Eltern beteiligen, verbrachten die beobachteten Vögel mehr Zeit am Boden. Das restliche Jahr waren sie auf dem Weg von und nach Afrika fast ausschließlich in der Luft. Auch wenn einige Vögel nachts landeten, war das immer nur für wenige Augenblicke, und manche landeten kein einziges Mal. Einer der untersuchten Mauersegler blieb 314 Tage nonstop in der Luft.

NILPFERDE KÖNNEN SCHNELLER LAUFEN ALS MENSCHEN.

Nilpferde, auch Flusspferde genannt, sind eigentlich behäbige Tiere – immerhin sind sie 3 bis 5 Meter lang und wiegen zwischen 1000 und 4500 Kilo. Zudem liegen sie den lieben langen Tag im Wasser herum und kommen gar nicht an Land (wobei: wirklich schwimmen können sie auch nicht; sie praktizieren eher etwas, das als „Schwimmlaufen" bezeichnet wird …). Vorwiegend nachts steigen sie jedoch aus den Flüssen heraus und machen sich auf die Suche nach Futter. Außer Gras fressen sie eigentlich nichts; an Menschenfleisch sind sie also nicht interessiert. Trotzdem kommt es gar nicht so selten vor, dass Menschen von Nilpferden angegriffen werden, besonders, wenn die Hippos Junge haben. Das endet häufig mit einem tödlichen Biss, denn die riesigen Zähne eines Nilpferdes können ein Krokodil glatt in der Mitte durchbeißen. Rennt also ein Nilpferd hinter euch her, ist guter Rat teuer, denn die Tiere können – wenn auch nur für ein paar hundert Meter – bis zu 48 km/h schnell werden. Zum Vergleich: Usain Bolt schafft nur 46,5 km/h. Am besten steigt man blitzschnell auf einen Baum …

EIN KOLIBRI WIEGT ZWEI GRAMM.

Es gibt zwar einen Riesenkolibri (der 25 cm lang und 25 g schwer wird), aber die meisten Kolibris sind einfach sehr, sehr kleine Vögel. Der kleinste von ihnen ist die Bienenelfe: Sie wird 5–7 Zentimeter groß (Weibchen größer als Männchen) und gerade einmal 1,8 Gramm schwer. Das ist etwa so schwer wie ein Gummibärchen und sogar weniger als eine 1-Cent-Münze. Kaum vorzustellen, dass in so einem kleinen Körper alle wichtigen Organe ihren Dienst tun, aber das tun sie sehr fleißig: Das Herz der Bienenelfe schlägt 300–500 Mal pro Minute; sie kann 90 Mal in der Minute mit den Flügeln schlagen und sogar auf der Stelle fliegen; ihre Eier sind so klein wie Jelly Beans und wiegen nicht einmal ein halbes Gramm. Kolibris sind gute Energieverwerter; sie saugen sehr viel Blütennektar, der dann auch sofort in Energie umgewandelt wird. Nachts reduzieren sie ihren Stoffwechsel drastisch – manche Kolibriarten fallen sogar in eine Art Starre. Kolibris werden bis zu fünf Jahre alt.

DIE SCHMUCKBAUMNATTER KANN BIS ZU 30 METER WEIT VON BAUM ZU BAUM SPRINGEN.

Schmuckbaumnattern sind giftig und leben in Südostasien auf Bäumen. Von Baum zu Baum springen sie – bis zu 30 Meter weit –, indem sie sich auf eine bestimmte Art und Weise zusammenrollen. Indem sie ihre Rippen spreizen und ihren Körper leicht abflachen, formen sie eine Art eingedelltes Dreieck, das es ihnen möglich macht, durch Veränderungen der Winkel den Flug sogar zu steuern. Forscher versuchen, das „Flugverhalten" der Schlange zu ergründen, indem sie den Schlangenkörper im 3-D-Drucker nachbauen und in Wind- und Wasserkanälen testen. Ein paar aerodynamische Tricks haben sie dabei schon herausgefunden, zum Beispiel, dass die Schlange zuerst steil bergab springt und dann durch den Auftrieb gekonnt etwas flacher gleitet. Ganz abgeschlossen ist die Forschung jedoch noch nicht – aber eine Schlange, die sich zu einem fliegenden Dreieck zusammenfaltet, ist ja auch schon mal was!

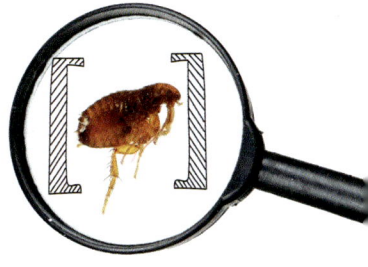

FLÖHE KÖNNEN BIS ZU 200 MAL SO HOCH HÜPFEN, WIE SIE SELBST GROSS SIND – MENSCHEN NICHT MAL DOPPELT SO HOCH.

Der menschliche Weltrekord im Hochsprung liegt (bei den Männern) bei 2,45 Metern. Flöhe schaffen zwar nur 60 cm, sind dafür aber auch nur etwa 3 Millimeter klein. Würde ein Mann mit einer angenommenen Körpergröße von 1,80 Metern das 200-fache seiner Größe hochspringen wollen, würde er fast oben auf dem Empire State Building landen, das 380 Meter hoch ist. Möglich werden die gigantischen Sprünge durch ein spezielles elastisches Eiweißmolekül, das die Flöhe in ihren Beingelenken tragen und das sie wie eine biegsame Feder hochkatapultiert. Außerdem können sie die einzelnen Segmente ihrer Beine wie hintereinandergeschaltete Hebel einsetzen und so eine enorme Sprungkraft entfalten – aus dem Stand.

DER BISHER GRÖSSTE AUS DEM MEER GEZOGENE TINTENFISCH WIEGT KNAPP 500 KILO UND IST 8 METER LANG.

2007 war das Exemplar der Spezies „Kolosskalmar" südlich von Neuseeland an einer Fangleine gelandet und wurde aus 1000 Metern Meerestiefe nach oben gezogen. Kolosskalmare haben größere Körper, aber kleinere Tentakeln als ihre Cousins, die Riesenkalmare. Aber beide sind furchterregend groß – allein die Augen haben einen Durchmesser von 27 Zentimetern, so groß wie eine Pizza. Das heute im Te Papa Museum in Neuseeland ausgestellte Tier wird immer noch erforscht. Da man in den Mägen von Pottwalen schon größere Teile von Kolosskalmaren entdeckt hat, als das neuseeländische Tier sie besitzt, geht man davon aus, dass in den Tiefen des Ozeans noch viel größere Exemplare leben. Weil ihre Fangarme mit scharfen Haken besetzt sind, möchte man ihnen im Meer nicht begegnen. Aber in Tausende Meter Tiefe stößt man ja auch eher selten vor …

DIE GEFLECKTE WEINBERGSCHNECKE IST DIE SCHNELLSTE LANDSCHNECKE: SIE BEWEGT SICH MIT 0,05 KILOMETERN PRO STUNDE FORT.

D ie Schnecke bewegt sich, indem sie ihren Weichkörper, den sogenannten „Fuß", wellenförmig zusammenzieht. Dabei sondert sie eine Schleimschicht ab, auf der sie dann vorwärts gleitet. Eine solche Schnecke kann also in einer Nacht ohne Probleme einen kompletten Garten durchqueren. Das zeigte erst kürzlich der britische Wissenschaftler Dave Hodgson von der University of Exeter, der mit seinem Team 450 gefleckte Weinbergschnecken mit UV-Farbe und LED-Lichtern markierte und sie dann nachts filmte. Hier wurde als Höchstgeschwindigkeit immerhin 1 Meter pro Stunde gemessen. Kein Wunder, dass Schnecken dieser Art bei den jährlichen Weltmeisterschaften im Schneckenrennen in Congham, Großbritannien, die beliebtesten Kandidaten sind.

KEIN ANDERES TIER LEGT SO WEITE STRECKEN ZURÜCK WIE DIE RENTIERE. SIE KÖNNTEN IN IHREM LEBEN EINMAL UM DIE ERDE LAUFEN.

R entiere zählen zu den am weitesten nördlich lebenden Säugetieren. Dabei sind sie aber nicht sesshaft, sondern unternehmen mit ihren Herden gigantische Wanderungen, um dem arktischen Winter zu entkommen und Futter zu suchen. Während der Wanderungen können sich Rentiere zu Herden mit 100.000 Tieren zusammentun. Aus Alaska ist sogar eine Herde mit 500.000 Tieren bekannt. Andere Herden wie die George-River-Herde in Kanada bestanden in den 1980er Jahren noch aus 900.000 Rentieren, heute ist sie auf 70.000 zusammengeschrumpft. Während ihrer jährlichen Wanderungen können Rentiere 5000 Kilometer zurücklegen, das ist die größte Distanz, die Landsäuger regelmäßig auf sich nehmen. Im Laufe ihres Lebens kommen die Rentiere auf ungefähr 40.000 Kilometer, das entspricht einer Umrundung der Erde.

DUMMHEIT SCHÜTZT VOR STRAFE NICHT

DIE LEBENSMÜDEN

Manche Dinge sollte man einfach nicht tun. Hunde sollten keine Schokolade essen, Elefanten sollten nicht aus Bahnen springen, Elche sollten sich nicht mit Statuen paaren, und Menschen sollten keine verseuchten Flughunde essen.

MÄNNLICHE LISTSPINNEN HABEN EIN SECHSFACHES RISIKO, NACH DER PAARUNG VOM WEIBCHEN VERSPEIST ZU WERDEN, WENN SIE KEIN GESCHENK IN FORM VON INSEKTEN MITBRINGEN.

Listspinnenmännchen müssen ihre Auserwählten mit Geschenken bezirzen, bevor sie sich paaren können. Das Männchen spinnt dazu ein erbeutetes Insekt zu einem Paket und hält es dem Weibchen hin. Beginnt das Weibchen, daran zu fressen, nutzt das Männchen die Gelegenheit zur Paarung. Das Team der Wissenschaftlerin Maria Albo der Universität Aarhus in Dänemark stellte fest, dass diese Geschenke in der Qualität stark unterschiedlich waren und so das Paarungsverhalten beeinflussten. Die besten Chancen hatten Männchen, die gut eingewickelte Insekten präsentierten. Manche Männchen gaben sich allerdings weniger Mühe und versuchten, mit eingesponnenen Pflanzensamen zu punkten oder fraßen das Geschenk vorher selber auf. Bekommt ein Listspinnenweibchen ein wenig nahrhaftes Geschenk, verdoppelt sich das Risiko, dass sie stattdessen das Männchen verspeist. Kommt das Männchen ganz ohne Geschenk, ist die Gefahr sechsmal so hoch, dass es gegessen wird. Ihm bleibt nicht einmal der Trost auf vererbte Gene, denn das Weibchen schlägt zu, bevor die Paarung angefangen hat.

ES GIBT SOGENANNTE „AMEISENMÜHLEN", BEI DENEN HUNDERTE AMEISEN IM KREIS LAUFEN UND VOR ERSCHÖPFUNG STERBEN.

Dieses Phänomen wird bei Wanderameisen beobachtet, die in Schwärmen auf Beutezug gehen. Die Tiere sind meistens teilweise oder völlig blind und orientieren sich durch die Abgabe von Pheromonen. Verliert auf einem Beutezug ein Teil der Ameisen den Kontakt zu den Vorgängern, folgen sie sich so lange gegenseitig, bis sie schließlich einen Kreis bilden. In dieser Ameisenmühle laufen sie immer weiter, bis sie vor Erschöpfung zusammenbrechen. Als erster beobachtete der Forscher William Beebe eine solche Ameisenmühle, die einen Durchmesser von 370 Metern hatte. Eine einzelne Ameise brauchte 2,5 Stunden für eine volle Rotation. Forscher können diesen Effekt im Labor nachstellen. Einen ähnlichen Effekt kennt ihr vielleicht, wenn ihr bei starkem Nebel einfach dem Auto vor euch folgt und irgendwann vor einer fremden Garage landet – es ist also immer besser, selbst nachzudenken, statt blind jemandem zu folgen.

FAULTIERE SETZEN EINMAL DIE WOCHE FÜR DIE AUF IHNEN LEBENDEN MOTTEN IHR EIGENES LEBEN AUFS SPIEL.

Das Fell eines Faultieres ist ein kleines Ökosystem, in dem zwei Lebensformen eine Symbiose miteinander und mit dem Faultier selbst bilden: Algen und sogenannte Faultiermotten. Diese haben sich darauf spezialisiert, nur im Fell von Faultieren zu leben, und brauchen deren Ausscheidungen zur Fortpflanzung. Die Mottenweibchen legen nämlich ihre Eier dort ab, wo das Faultier einmal pro Woche vom Baum klettert, um sein Geschäft zu erledigen. Die Larven ernähren sich vom Faultierkot und entwickeln sich wiederum zu Motten, die sich ein neues Faultier als Heimatort suchen. Dort beleben sie durch Stickstoff- und Phosphorverbindungen die im Fell wachsenden Algen. Bei der Fellpflege nehmen wiederum die Faultiere über die Algen Nährstoffe auf. Für die Aufrechterhaltung dieses Dreiergespanns riskiert das Dreifingerfaultier sein Leben, denn beim Toilettengang am Boden sind die langsamen Tiere leichte Beute für Raubtiere.

1950 SPRANG EIN ELEFANT AUS DER WUPPERTALER SCHWEBEBAHN 10 METER TIEF IN DIE WUPPER UND ÜBERLEBTE.

Die Elefantenkuh „Tuffi", die dem Zirkus Althoff gehörte, musste aus Werbegründen mit der Schwebebahn fahren, da ihr Zirkus gerade in Wuppertal gastierte. Sie war als ausgeglichen bekannt, sodass man sie für solche Aktionen einsetzen konnte – unter anderem hatte sie auch schon eine Hafenrundfahrt in Duisburg absolviert. An diesem Tag war sie aber sehr nervös und rannte wild durch den Waggon. Schließlich durchbrach sie ein Fenster und landete 10 Meter weiter unten im Fluss, der an dieser Stelle nur 50 Zentimeter tief war. Zum Glück blieb sie so gut wie unverletzt. Ihr restliches Leben verbrachte sie in einem französischen Zirkus, wo sie 1989 starb. In Wuppertal bleibt sie unvergessen; es wurde sogar eine Milchmarke nach ihr benannt. Leider gibt es von dem spektakulären Stunt kein Foto, nur eine nach heutigen Maßstäben unprofessionell gemachte zeitgenössische Fotomontage (siehe oben).

SCHOKOLADE IST FÜR HUNDE, KATZEN UND PAPAGEIEN TÖDLICH.

Schuld ist das in der Schokolade bzw. schon in der Kakaobohne enthaltene Theobromin, ein dem Koffein verwandter Stoff. Wir Menschen kommen damit ganz gut zurecht: Bei uns wirkt es milde anregend und stimmungsaufhellend, und um Krankheitssymptome zu entwickeln, müsste man schon ein Pfund reines Kakaopulver essen. In sechs bis acht Stunden haben wir den Stoff wieder abgebaut. Hunden, Katzen und Papageien fehlt das für den Abbau nötige Enzym; sie würden dafür mindestens 15 Stunden benötigen, doch dann ist es bereits zu spät und das Theobromin hat seine giftige Wirkung getan. Je nach Größe des Tieres kann schon eine halbe Tafel Zartbitterschokolade tödlich sein; auch kleine Dosen bewirken bereits Krämpfe und Ähnliches. Besonders auf Hunde sollte man daher aufpassen, die fressen ja gern mal alles, was so herumliegt. Katzen sind an Schokolade zum Glück gar nicht interessiert. Übrigens enthält weiße Schokolade kaum Theobromin, aber wirklich gesund ist sie für eure Haustiere trotzdem nicht!

AUF GUAM ERKRANKTEN TAUSENDE MENSCHEN AN EINER NERVENKRANKHEIT, WEIL SIE FLUGHUNDE VERZEHRT HATTEN.

Auf Guam, einer Insel mitten im Pazifik, wütete lange eine mysteriöse Krankheit, deren Rätsel Anfang der 2000er-Jahre gelöst werden konnte. Die tödlich verlaufende Nervenkrankheit zeigte sich mit zunehmender Muskelschwäche, Schüttellähmung und Demenz. 50 bis 100 Prozent häufiger als andere Völker litt die einheimische Bevölkerung der Chamorro darunter. Als Ursache machten US-Forscher eine der kulinarischen Traditionen der Chamorro aus: Als Delikatesse gilt ihnen nämlich Flughund in Kokosmilch, wobei die fledermausähnlichen Tiere als Ganzes – mit Haut, Haar und Hirn – verwertet wurden. Die Tiere ernähren sich aber wiederum von den Früchten und Samen des Palmfarns. Dieser enthält die Aminosäure BMAA, ein Nervengift, das nicht nur das menschliche Nervensystem stark angreift, sondern sich einlagert und teilweise nach Jahren erst freigesetzt wird. So ist es zu erklären, dass Chamorro, die bereits vor Jahrzehnten ihre Heimatinsel verlassen haben, immer noch ein stark erhöhtes Krankheitsrisiko haben. Die Eindämmung der Krankheit seit einigen Jahren ist weniger vom Menschen erdacht, aber doch vom Menschen gemacht: Denn die Jagd auf Flughunde hat deren Population so stark schrumpfen lassen, dass sie unter Schutz gestellt wurden – im gleichen Maße konnte der Rückgang der Erkrankungen beobachtet werden.

ELCHE SEHEN SO SCHLECHT, DASS SIE SICH MANCHMAL MIT SKULPTUREN ODER AUTOS PAAREN WOLLEN.

Wer jemals einem Elch begegnet ist, hat es vielleicht gemerkt: Elche haben tatsächlich einen ziemlich unterentwickelten Sehsinn. Sie können zwar gut riechen und merken so, dass da jemand steht, bemerken denjenigen aber oft erst im letzten Augenblick. Vor allem zu den Seiten hin sehen sie etwas nur dann, wenn es sich schnell bewegt. Da sie ovale Pupillen haben, ist es auch mit dem vertikalen Sichtfeld nicht so weit her. Das resultiert darin, dass Elche nicht gleichzeitig nach unten und nach vorn sehen können, weil sie vorn unten einen blinden Fleck haben. Zu guter Letzt können sie eher im Dunkeln gut sehen, und sowieso alles schwarzweiß und leicht verschwommen. Gut vorstellbar, dass man da mal gegen einen Baum läuft oder sein Gegenüber nicht genau erkennt: Im Internet kursieren unter anderem Bilder, die einen Elch beim Besteigen einer Bisonskulptur zeigen. Leider wird die schwache Sehkraft zusammen mit der Gewohnheit, einfach aus dem Unterholz auf die Straße zu rennen, den Elchen oft zum Verhängnis: Allein in Schweden gibt es jährlich um die 4000 Autounfälle mit Elchen.

NICHT MIT RECHTEN DINGEN
DIE GANGSTER UND TRICKBETRÜGER

Manche Tiere versuchen mit den krassesten Mitteln, sich Vorteile zu verschaffen – wie die Paviane, die sogar in Häuser einbrechen –, und manche sind zu richtig bösen Taten in der Lage – wie die Delfine, die vergewaltigen, oder die Komodowarane, die ihrer Beute wochenlang auflauern.

Macht uns Geld gierig? Dieser Frage wollten der Ökonom Keth Chen und die Psychologin Laurie Santos von der Universität Yale nachgehen. Sie trainierten mit Kapuzineräffchen, indem sie ihnen Leckerbissen im Austausch gegen Silberscheiben gaben. Nachdem die Affen die Voraussetzung verstanden hatten, bekam jeder

IN EINEM EXPERIMENT WURDEN AFFEN MIT GELD VERTRAUT GEMACHT. ZIEMLICH SCHNELL WURDEN SIE ZU DIEBEN, PROSTITUIERTEN UND BANKRÄUBERN.

Kapuzineraffe zwölf Silberscheiben zur freien Verfügung. Nun beobachteten die Forscher interessante Entwicklungen: Die Äffchen zeigten einen Sinn für Budget, indem sie günstigere Belohnungen kauften. Sie bestahlen sich gegenseitig oder versuchten, mehr von den Forschern zu ergaunern. Ein Äffchen wurde zu einer Art Bankräuber und es wurde beobachtet, wie die Tiere untereinander Sex gegen Silber eintauschten: Ein Affe reichte einem Artgenossen ein Silberstück, sie paarten sich und das bezahlte Äffchen kaufte mit seinem Lohn sofort eine Traube. Kapuzineräffchen sind nicht gerade für ihr großes Hirn bekannt, aber für das Konzept von Währung scheint es zu reichen.

 ## DELFINE NUTZEN IHRE LUFTBLASEN, UM IHRE BEUTE WIE IN EINEM NETZ ZU FANGEN.

Wenn wir an Delfine denken, haben wir hübsche Bilder vor Augen. Wir denken an sportliche Tümmler, die Schiffe kilometerweit begleiten und elegant aus dem Wasser springen. Oder wir erinnern uns an Geschichten von Delfinen, die Menschen in Seenot geholfen haben. Einfach rundherum sympathische Tiere! Aber Delfine sind auch intelligente Jäger. So nutzen sie eine ganz besondere Jagdwaffe, um sehr viele Beutefische auf einmal zu fangen: ihre Luftblasen. Mit denen treiben sie ganze Fischschwärme dicht zusammen. Zuerst schwimmen sie in weiten Kreisen um die Beutetiere herum und stoßen dabei Luftblasen aus. Dann ziehen sie die Kreise immer enger. Die Fische werden durch den Blasenvorhang verwirrt. Beim Versuch, ihm davonzuschwimmen, bilden sie eine immer dichtere Beutekugel. Die Delfine müssen dann nur noch hindurchschwimmen, um sich satt zu fressen. Wenn junge Delfine also Blubberblasen unter Wasser machen, tun sie das nicht einfach nur zum Spaß. Sie trainieren eine tödlich effektive Jagdtechnik.

DER TRAUERDRONGO IMITIERT WARNRUFE ANDERER TIERE, UM IHR FUTTER ZU STEHLEN.

Diebisches Verhalten ist weit verbreitet in der Tierwelt. Aber der Trauerdrongo kennt einen ganz besonderen Trick, um an das Futter der anderen zu kommen: Der Sperlingsvogel, der in der südlichen Sahara beheimatet ist, kann die Warnrufe anderer Tiere imitieren. So beobachtet er zum Beispiel Elster-drosslinge, deren Ruf er perfekt imitieren kann. Sobald diese bei der Nahrungssuche erfolgreich waren, schlägt der Trauerdrongo Alarm. Die Elsterdrosslinge lassen ihre Beute sofort fallen und suchen Schutz. Und der diebische Trauerdrongo hat freie Bahn am offenen Büffet. Dieses Verhalten nennt man in der Fachspra-che übrigens „Kleptoparasitismus". Aber der Trauerdrongo kann seine Nahrung auch auf „ehrliche" Weise ergattern. Dabei folgt er Herden von großen Säugetieren, wie zum Beispiel Elefanten oder Nashörnern. Diese wirbeln die Insekten vom Boden auf, woraufhin sich der Trauerdrongo nur noch bedienen muss.

UM BINDUNGEN EINZUGEHEN, ENTFÜHREN MÄNNLICHE DELFINE DIE WEIBCHEN UND HALTEN SIE GEFANGEN, BIS SIE GESCHLECHTSVERKEHR HABEN.

S pätestens seit der Fernsehserie *Flipper* gelten Delfine als gutmütige, friedfertige und hilfsbereite Wesen. Aber sie können auch anders – nämlich weder besonders sozial noch friedlich. Zum Beispiel haben Zoologen beobachtet, dass Delfine ihre kleineren Verwandten, die Schweinswale, aus reinem Zeitvertreib beißen und rammen, bis sie tot sind. Sexuelle Gewalt ist ebenfalls an der Tagesordnung: Bei brutalen Gruppenvergewaltigungen werden Weibchen umzingelt und so lange an der Flucht gehindert, bis die Männchen mit ihnen fertig sind. Sind keine Weibchen zugegen, stürzen sich Delfine auf andere Lebewesen. So soll es in Delfinparks auch schon Angriffe auf Menschen gegeben haben. Der unbändige Sexualtrieb der großen Tümmler war auch ein Problem für die US Navy. In einer berühmten Delfin-Einheit wurden die Tiere zur Ortung von Minen ausgebildet. Einige der Delfine kehrten allerdings von ihrem Einsatz nicht zurück: Sie hatten versucht, den Sprengkörper zu begatten.

GEHEN PINGUINDAMEN FREMD, NEHMEN SIE SICH VOM LIEBHABER EINEN STEIN FÜR DEN NESTBAU MIT.

E igentlich leben Pinguine monogam. Hat sich ein Paar gefunden, bleibt es fast immer zusammen. Aber es kommt vor, dass Pinguinweibchen fremdgehen, und dann nehmen sie sich von ihrem Liebhaber Steine mit, die sie zum Nestbau gut gebrauchen können. Das beobachtete die Zoologin Fiona Hunter von der Cambridge University auf Ross Island in der Antarktis. Steine sind auf der Insel eine echte Seltenheit und deswegen heiß begehrt. Möglicherweise sind die Steine gar keine Geste der Entschuldigung an den gehörnten Partner, wie manche Forscher glauben, sondern sogar der eigentliche Grund, warum die Pinguindame fremdgeht. Sie stiehlt sich in einem unbeobachteten Moment von ihrem Partner davon und bietet sich einem alleinstehenden Nestbesitzer an. Nach dem Liebesakt sammelt sie ein paar Steine ein und trägt sie nach Hause. Es kommt allerdings nicht immer zum Äußersten: Manche Männchen rücken auch fürs Schmusen schon Steine heraus. Fiona Hunter berichtete von einem Weibchen, das 62 Steine einsammeln konnte, indem es männliche Artgenossen mit neckischen Kopfbewegungen und Augenzwinkern betörte.

KOMODOWARANE BEISSEN IHRE BEUTE UND FOLGEN IHR DANN WOCHENLANG SCHRITT FÜR SCHRITT – BIS SIE SIE FRESSEN KÖNNEN.

Komodowarane leben nur auf einigen der kleinen Sundainseln vor der Küste Indonesiens. Sie können bis zu 3 Meter lang und 70 Kilo schwer werden und sind damit die größte lebende Echsenart. Die Beute des Komodowarans wächst mit seiner eigenen Körpergröße und reicht von Insekten bis zu Hirschen, Büffeln und Wildschweinen. Für die Jagd auf große Säugetiere verwendet der Waran ein Gift, das in den Drüsen seines Unterkiefers gebildet wird. Dieses Gift schwächt die Blutgerinnung des Opfers und verursacht einen Schock. Es ist allerdings nicht sofort tödlich, sondern es kann Tage dauern, bis das Beutetier stirbt. Bei einem ausgewachsenen Büffel zieht sich der Todeskampf drei Wochen hin; während dieser Zeit wird der Büffel von dem Komodowaran verfolgt und schließlich gefressen. Heutzutage gibt es nur noch etwa 4000 Exemplare, Tendenz fallend. Der Komodowaran steht auf der Liste der bedrohten Arten.

NACH DEM VERLUST EINES JUNGEN RAUBEN KAISERPINGUINE OFT DEN NACHWUCHS IHRER ARTGENOSSEN.

Dieses Verhalten bei Kaiserpinguinen gab Forschern lange Jahre Rätsel auf. Nach wenigen Stunden allerdings verließen die falschen Eltern das entführte Küken. Auch wenn dieses scheinbar sinnlose Verhalten auf den ersten Blick wie ein Akt von Eifersucht und Gehässigkeit wirkt, vermuteten Frédéric Angelier und sein Team vom biologischen Forschungszentrum in Chizé dahinter einen rein hormonellen Grund. Sie verdächtigten das Hormon Prolaktin, das für das Brutpflegeverhalten verantwortlich ist. Um ihre Vermutung zu belegen, senkten die Wissenschaftler bei einigen Pinguinen den Prolaktinspiegel mithilfe des Wirkstoffs Bromocriptin künstlich herab, und tatsächlich, bei dieser Gruppe der Tiere ging die Entführungsquote deutlich zurück. Im Gegensatz zu den meisten anderen Vogelarten senkt sich der Prolaktinspiegel bei Kaiserpinguinen nämlich nicht automatisch, wenn kein Küken mehr anwesend ist. Die Ursache dafür sehen die Forscher in den langen und beschwerlichen Reisen in eisfreie Zonen, um Futter zu finden: Damit die Pinguine dann auch zu ihrem Nachwuchs zurückkehren, bleibt der Prolaktinspiegel hoch.

IN SÜDAFRIKA GIBT ES EINE „PAVIANPOLIZEI": DORT KNACKEN PAVIANBANDEN AUTOS UND BRECHEN IN HÄUSER EIN, UM NACH ESSBAREM ZU SUCHEN.

Wildtiere, die immer wieder – besonders von Touristen – mit Chips, Hühnchen und Keksen gefüttert werden, lernen schnell, Mülleimer zu plündern und kommen irgendwann in die Städte, um sich gleich dort zu bedienen. Das kennen wir von Füchsen und Wildschweinen. Bei den Pavianen ist diese Plage jedoch um einiges schlimmer, denn Paviane sind nicht nur sehr stark und sehr schnell, sondern auch noch extrem schlau – und sie kommen immer zu mehreren. Systematisch überfallen sie zum Beispiel Zeltplätze: Während einer der Paviane routiniert die Zelte öffnet, durchforsten andere die Mülleimer oder knacken auch mal einen Kofferraum, um an Essbares zu kommen. Touristen müssen ihren Proviant abgeben – wer sich wehrt, bekommt auch mal die furchteinflößenden Eckzähne der Tiere zu spüren. Und das alles so schnell, dass man kaum weiß, wie einem geschieht. In Kapstadt sind die Paviane sogar in Banden organisiert, die in Häuser und Autos einbrechen. Der berühmteste von ihnen, „Fred the Ripper", musste 2012 eingeschläfert werden. 60 „Affenpolizisten" sollen mit Schreckschusspistolen und Elektroschockgeräten dafür sorgen, dass die Pavianhorden den Wohngebieten künftig fernbleiben.

Oft herrscht im Tierreich das Gesetz des Stärkeren – besonders, wenn es um etwas Wichtiges geht. Zum Beispiel Sex. Weil bei vielen Fischarten die Weibchen in der Unterzahl sind, müssen die Männchen sich mächtig ins Zeug legen, um sich

DIE MÄNNCHEN EINIGER FISCHARTEN VERKLEIDEN SICH ALS WEIBCHEN, UM SICH BEI DER FORTPFLANZUNG AN DER KONKURRENZ VORBEISCHLEICHEN ZU KÖNNEN.

zu paaren. Schwächere Fischmännchen haben es schwer. Denn die stärkeren Männchen lassen sie gar nicht erst in die Nähe der begehrten Weibchen. Durch einen raffinierten Trick können sich die schwächeren Männchen trotzdem fortpflanzen: Sie wechseln das Geschlecht. Bekannt ist diese Taktik zum Beispiel von Trauertintenfischen. Um sich an starken Widersachern vorbeizuschleichen, färben sich unterlegene Männchen im weibchentypischen Tarnmuster. Die Konkurrenz lässt das vermeintliche Weibchen gerne vorbei. Das echte Weibchen wiederum paart sich bereitwillig mit dem getarnten Männchen. Auch bei Riesensepien und Sonnenbarschen haben Wissenschaftler dieses Verhalten beobachtet. Den Fischweibchen scheint die Täuschung nichts auszumachen. Ihnen ist Schläue wohl wichtiger als Muskelkraft.

ECHT JETZT?
DIE SELTSAMEN

Eine Echse, die Blut aus ihren Augen spritzen kann; eine Spinne, von deren Biss man eine Erektion bekommt; ein Fisch, der irgendwie doch keiner ist, und Wurmweibchen, die die Männchen einfach einatmen … würde es das nicht alles schon geben, könnte man es sich kaum ausdenken.

BEI TIEFSEEANGLERFISCHEN VERSCHMILZT DAS MÄNNCHEN MIT DEM WEIBCHEN UND LEBT DORT FORTAN ALS PARASITISCHE WARZE.

Bis das der Tod uns scheidet – dieses Motto haben die Anglerfische perfektioniert. Die Spezies mit dem furchterregenden Aussehen lebt mehr als 300 Meter tief unten im Meer. Ihren Namen haben die Tiere von der leuchtenden Antenne, mit der sie Beutetiere anlocken und dann fressen. Das Anglerfischmännchen ist wesentlich kleiner als das Weibchen – bis zu 13 Mal kleiner! Eine Paarung im klassischen Sinne gibt es bei Anglerfischen nicht. Stattdessen findet etwas statt, das Sexualparasitismus genannt wird: Findet ein Anglerfischmännchen eine attraktive Partnerin, schnappt es sie sich wortwörtlich, indem es sich mit seinen kräftigen Kiefern am Weibchen festbeißt. Von nun an wächst es mit ihr zusammen und wird durch den Blutkreislauf des Weibchens miternährt. Das Männchen verschmilzt langsam mit dem Körper des Weibchens und hat dann nur noch eine Aufgabe: Bei Bedarf seine Samen abzugeben und die Eier des Weibchens zu befruchten. In manchen Fällen bleiben von ihm nur noch seine Sexualorgane übrig. Zyniker würden behaupten, dass die Anglerfische ihre Beziehung also strikt aufs Wesentliche reduzieren.

?! **SCHON GEWUSST?** Es gibt etwa 200 Arten von Anglerfischen. Die Tiefseeanglerfische leben im Abyssopelagial, dem Bereich in einer Meerestiefe von 400 bis 6000 Metern. Bis hierhin dringt kein Sonnenlicht mehr, so dass das einzige Licht durch Biolumineszenz generiert wird. Dazu zählt auch die „Laterne" des Anglerfisches. Das Licht wird dort von Bakterien erzeugt. Die Tiere haben deswegen einen so enorm großen Mund, weil es in dieser Tiefe kaum noch Lebewesen gibt und sie alle Beute mitnehmen müssen, der sie begegnen.

PANDAS MÜSSEN IHR GESCHÄFT BIS ZU 40 MAL AM TAG VERRICHTEN.

Wer Pandas zählen möchte, muss sich mit ihren Hinterlassenschaften auseinandersetzen. Selbst die renommiertesten Pandaforscher bekommen kaum je einen wilden Panda zu Gesicht. Pandas sind nämlich äußerst schlecht zu beobachten, da sie zurückgezogen in abgelegenen Bambuswäldern leben und noch dazu bevorzugt alleine unterwegs sind. Die Forscher Michael Bruford und Fowen Wie wollten 2004 in einer Studie herausfinden, wie viele Pandas in der freien Natur unterwegs sind. Sie sammelten zu diesem Zweck Pandakot und verglichen die dort enthaltene DNA. Und davon gab es nicht zu knapp, denn Pandas haben eine sehr aktive Verdauung. In Zahlen bedeutet das etwa 40 große Geschäfte pro Tag, so Bruford. Die gute Nachricht: Die Forscher fanden heraus, dass der Bestand der gefährdeten Tiere in den bewaldeten Bergen Chinas zur damaligen Zeit etwa doppelt so hoch war wie zuvor angenommen. Wenn ihr euren Job hasst, denkt also immer daran: Ihr könntet auch unterwegs sein, um im Wald im Namen der Wissenschaft Pandakacke aufzulesen.

DIE OHREN VON KAKERLAKEN BEFINDEN SICH IN IHREN KNIEBEUGEN.

Wer einmal Kakerlaken in der Wohnung hatte weiß, wie hartnäckig dieses Ungeziefer sein kann. Man bekommt sie außerdem fast nie zu Gesicht, denn kaum nähert man sich den Schaben, sind sie schon weg. Das liegt daran, dass Kakerlaken quasi ihre eigenen kleinen Seismografen sind. Alle sechs Beine einer Kakerlake sind mit winzigen Härchen übersät, die jede kleine Bewegung auffangen, so dass das Insekt sofort flüchten kann – bis zu 40 Millisekunden schnell. So flink krabbeln können die Kakerlaken nur, weil all ihre Beine Gelenke haben. In jeder Kniebeuge sitzt ein Hörorgan, das so empfindlich ist, dass die Kakerlake damit sogar kleine Erdbeben wahrnehmen kann. Wenn ihr also eine Kakerlake weglaufen seht, lohnt es sich vielleicht, ebenfalls die Beine in die Hand zu nehmen.

DIE KURZHORN-KRÖTENECHSE KANN AUS IHREN AUGEN BLUT SPRITZEN.

Die Kurzhorn-Krötenechse lebt in den trockenen Gebieten des amerikanischen Kontinents, wo fast jedes Tier ein potenzieller Fressfeind ist: Falken, Schlangen, Kojoten, größere Echsen ... Auf ihren kurzen Beinen kann sie nicht gut weglaufen und muss sich daher tarnen. Wird sie trotzdem von einer Raubkatze, einem Wolf oder Fuchs gefangen, schießt aus ihren Augen einen Strahl Blut direkt in das Maul ihres Feindes. Es wird in einer Tasche unter ihren Augen produziert und spritzt bis zu 2 Meter hoch. Im Blut befindet sich eine chemische Komponente, auf die Rezeptoren im Maul der Raubtiere reagieren. Während sie sich schütteln und versuchen, das Blut auszuspucken, entkommt die Echse unbemerkt. Der Forscher Wade Sherbrook studiert die Echsen inzwischen seit 40 Jahren und fand heraus, dass die Krötenechse erkennen kann, ob der Einsatz ihrer Geheimwaffe sich lohnt: Er setzte sich vor die Echse und bellte. Sherbrook bekam kein Blut ab, sein Hund Dusty allerdings schon.

DIE NASE DES STERNMULLS IST VON 22 MULTIFUNKTIONALEN FINGERN UMGEBEN.

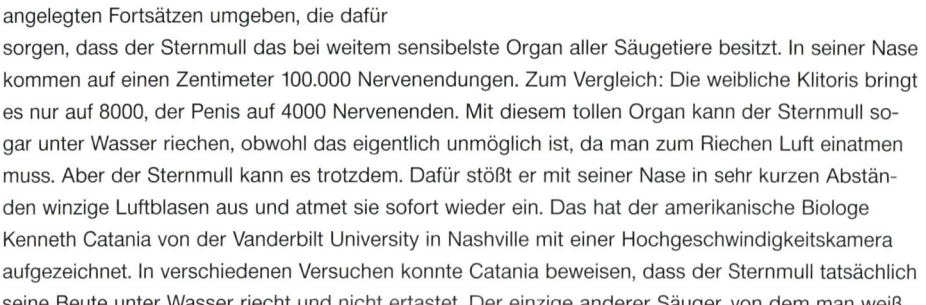

Der Sternmull ist ein enger Verwandter des Maulwurfs. Aber die beiden sehen sich höchstens von hinten ähnlich. Denn ganz prominent mitten im Gesicht trägt der Sternmull eine Nase, die wie eine fleischige Pflanze aussieht. Sie ist von 22 kranzförmig angelegten Fortsätzen umgeben, die dafür sorgen, dass der Sternmull das bei weitem sensibelste Organ aller Säugetiere besitzt. In seiner Nase kommen auf einen Zentimeter 100.000 Nervenendungen. Zum Vergleich: Die weibliche Klitoris bringt es nur auf 8000, der Penis auf 4000 Nervenenden. Mit diesem tollen Organ kann der Sternmull sogar unter Wasser riechen, obwohl das eigentlich unmöglich ist, da man zum Riechen Luft einatmen muss. Aber der Sternmull kann es trotzdem. Dafür stößt er mit seiner Nase in sehr kurzen Abständen winzige Luftblasen aus und atmet sie sofort wieder ein. Das hat der amerikanische Biologe Kenneth Catania von der Vanderbilt University in Nashville mit einer Hochgeschwindigkeitskamera aufgezeichnet. In verschiedenen Versuchen konnte Catania beweisen, dass der Sternmull tatsächlich seine Beute unter Wasser riecht und nicht ertastet. Der einzige anderer Säuger, von dem man weiß, dass er dieses Kunststück beherrscht, ist die amerikanische Sumpfspitzmaus.

TRUTHAHNWEIBCHEN PFLANZEN SICH MIT SICH SELBST FORT, WENN KEIN PARTNER ZUR BEFRUCHTUNG BEREITSTEHT.

Beim Menschen ist Jungfernzeugung eine absolute Rarität, die zur Religionsgründung führen kann. Unter Truthühnern kommt es hingegen in Notzeiten häufiger vor, dass Weibchen ganz ohne Männchen Küken zeugen. Ermöglicht wird das durch eine Besonderheit ihrer Chromosomen. Die einsamen Truthennen können durch einfache Verdopplung ihrer eigenen Chromosomensätze ihre Eizellen selbst befruchten. Die meisten Küken sterben aber schon im Ei. Nur männliche Küken haben über-haupt eine Chance. Auch bei ihnen besteht aber ein erhöhtes Risiko für angeborene Krankheiten und Entwicklungsstörungen, weil ihnen die genetische Variation fehlt. Ein amerikanisches Zuchtprogramm in den 1950er Jahren wurde daher nach kurzer Zeit eingestellt. Ihren Sinn hat die Jungfernzeugung als Notfallprogramm. Sie ermöglicht Truthennen in Zeiten von Seuchen oder Partnermangel, ihr Genmaterial in die nächste Generation zu retten. Überlebt der so erzeugte Nachwuchs bis zur Geschlechtsreife, muss er allerdings immer noch neue Weibchen finden. Sonst stirbt die Familie doch aus.

?! **SCHON GEWUSST?** Im Tierreich ist Jungfernzeugung, auch Parthenogenese genannt, gar nicht so selten. Besonders oft findet Jungfernzeugung unter In-sekten statt. Verschiedene Schreckenarten, Rüsselkäfer, Läuse, Gallmücken und die meisten Hautflügler betreiben standardmäßig Parthenogenese. Drohnen, also männliche Honigbienen, wachsen aus unbefruchteten Eiern heran. Auch viele Spinnentiere wie Milben, Skorpione und einige Krebsarten bauen auf Nachwuchs ohne Sex. Manche zwittrige Tierarten, etwa Schnecken, können sich bei Bedarf selbst befruchten. Einige einfache Vielzeller wie Rädertierchen bevorzugen die un-geschlechtliche Fortpflanzung sogar ganz. Bei Wirbeltieren gilt Jungfernzeugung als nahezu unmöglich – doch es gibt Ausnahmen. Bei Schlangen, Haien, Zahnkarpfen und einigen Echsenarten sind mehrere Fälle von Parthenogenese bekannt. Neben Truthühnern gibt es auch ungeschlechtlich gezeugte Enten. Sollte übrigens einmal eine menschliche Jungfrau zum Kinde kommen, müsste dieses zwingend weiblich sein. Für ein Y-Chromosom bräuchte es dann doch göttliche Einmischung.

ES GIBT EINE SPINNE IN BRASILIEN, DEREN BISS EINE STUNDENLANGE EREKTION HERVORRUFT.

Es handelt sich hierbei um die Kamm- oder Wanderspinne *Phoneutria nigriventer*, die zu den drei giftigsten Spinnenarten der Welt gehört. Männer, die von ihr gebissen wurden, haben berichtet, dass sie danach an extremen Erektionen litten. Hierbei handelt es sich aber nicht um ein harmloses Phänomen, denn der Biss dieser Spinne führte schon in vielen Fällen zum Tod und sorgt für unerträgliche brennende Schmerzen. Als Nebenwirkung treten vermehrte Urin- und Spermaabgabe auf. Eine Studie des Medical College of Georgia gemeinsam mit einem Pharmalabor in Sao Paulo hat dieses Gift genauer unter die Lupe genommen. Der Stoff Tx2-6 regt die Produktion des Botenstoffs cGMP (Cyclisches Guanosinmonophosphat) an, der wiederum die Penismuskeln entspannt, um den Blutzufluss während der Erektion zu erleichtern. In weiteren Untersuchungen will man nun herausfinden, ob sich dieser Wirkstoff zur Behandlung von Impotenz einsetzen lässt. Bei Tierversuchen sei dies bereits geglückt.

?! **SCHON GEWUSST?** Priapismus bezeichnet eine lang andauernde schmerzhafte Erektion, die länger als zwei Stunden anhält, und sofort behandelt werden sollte. Die Penisschwellkörper sind dabei steif, die Eichel jedoch schlapp. Eine solche Erektion ist mit großen Schmerzen verbunden und frei von jedem Lustgefühl. Wird der Priapismus nicht behandelt, klingt die Erektion erst nach zwei bis drei Wochen ab und die Erektionsfähigkeit des Penis ist mit großer Wahrscheinlichkeit verloren gegangen. Die weibliche Entsprechung dieses Phänomens wird Klitorismus genannt.

KOALAS SIND NUR ZWEI STUNDEN AM TAG WACH. IN DIESER ZEIT FRESSEN SIE.

Wie lange Koalas ohne den nötigen Schlaf überleben, ist nicht abschließend geklärt. Fest steht aber, dass diese Tiere tatsächlich bis zu 22 Stunden am Tag schlafen und somit noch weniger Stunden im Wachzustand verbringen als Faultiere. Dabei kann festgehalten werden, dass Koalas diese langen Ruhezeiten dringend benötigen, da sie einen sehr langsamen Verdauungsprozess haben. Gleichzeitig essen sie aber zwischen einem halben und einem Kilo Eukalyptusblätter am Tag. Für die meisten anderen Tiere sind diese Blätter giftig, der Koala ist allerdings mit einem ca. 200 cm langen Blinddarm ausgestattet, in dem Millionen von Bakterien die Zellwände der Eukalyptusblätter aufspalten. Er braucht den Schlaf also, um seinem Körper die Zeit zu geben, diese Nahrung zu verarbeiten. Obendrein sind die Blätter nicht besonders reich an Nährwerten – Energie sparen hat also oberste Priorität. Übrigens: Manche behaupten, dass Koalas so viel schlafen, weil sie von dem vielen Eukalyptusöl in eine Art Rausch verfallen. Diese These ist unwahr. Der gute Ruf des kuscheligen Baumbewohners bleibt also unbeschadet.

ES GIBT EIN CAFÉ IN TOKIO, IN DEM MAN IGEL STREICHELN KANN.

O b Karaokehotel, skurrile Verkleidungen oder Affen als Kellner: Auf Japan ist Verlass, wenn es um abgefahrene Arten der Freizeitgestaltung geht. Seit einiger Zeit haben in Tokio etliche Tiercafés Konjunktur – Orte, an denen man bei einer Tasse Kaffee Tiere streicheln und mit ihnen knuddeln kann. Es gibt Katzen-, Schlangen-, Eulen-, Ziegen- und sogar Pinguincafés. Da war es nur folgerichtig, dass jemand ein Igelcafé eröffnete, zumal Igel, anders als bei uns, in Japan als Haustiere gehalten werden. Die Website des Tokioter Igelcafés, das „Harry" heißt (*harinezumi* bedeutet Igel), gibt denn auch hilfreiche Tipps für die Haltung von Igeln (www.harinezumi-cafe.com). Geht man in das Café und zahlt ca. 11 Euro pro halbe Stunde, bekommt man einen der 20 bis 30 Igel, die dort leben, in einem Glaskasten hingestellt, darf ihn beobachten und streicheln. (Wenn man die Igel richtig anfasst, piksen sie auch nicht.) Alle Igel im Café kann man auch für Zuhause kaufen.

EINIGE SCHILDKRÖTENARTEN ATMEN ÜBER IHREN ANUS.

D a Schildkröten bekanntermaßen einen starren Panzer haben, können sie ihren Brustkorb zum Atmen nicht so auf und ab bewegen wie wir. Sie atmen deshalb normalerweise über die Kontraktion zweier Muskeln, welche praktisch den gesamten Körper zucken lässt. Ist die Schildkröte aber im Wasser (oder gar in der Winterstarre), wäre diese Art der Atmung zu aufwendig und würde viel zu viel Energie verbrauchen. Daher benutzen Schildkröten auch andere Arten der Atmung, darunter eben auch die Kloakenatmung. Die sogenannte Analblase saugt rhythmisch Wasser an und entleert sich wieder (fast wie eine Lunge …). Sie ist mit Blutgefäßen durchzogen, die den Sauerstoff aus dem Wasser aufnehmen können. Am besten zu beobachten ist der Vorgang bei der australischen Fitzroy-Flussschildkröte *Rheodytes leukops*. Ihre Analblase ist – bei einer Panzerlänge der Schildkröte von nur 26 Zentimetern – 10 Zentimeter groß. Mit der Analatmung deckt sie 68 Prozent ihres Sauerstoffbedarfs und kann so sehr lange unter Wasser bleiben.

BEI EINER RIESENGARNELENART KONNTE BEOBACHTET WERDEN, DASS AUCH DIE MÄNNCHEN IHRE „TAGE" HABEN.

R iesengarnelenmännchen müssen sich nicht nur regelmäßig häuten, sie bekommen bei dieser Gelegenheit auch gleich ihre Tage, wie ein Forscherteam von der Ben-Gurion-Universität berichtet. Kurz vor der Häutung stoßen die Garnelen ihre alten Spermatophoren ab. Dies sei nicht etwa Verschwendung, sondern Voraussetzung für gesunden Nachwuchs, denn sonst würden die Spermienpakete bis zum nächsten Sex im Samendepot verbleiben, selbst wenn ihr Mindesthaltbarkeitsdatum längst abgelaufen ist. Da das Abstoßen der Samenpakete einem festen Rhythmus folgt, gehen die Forscher nicht davon aus, dass die Riesengarnelen sich selbst befriedigen. Offenbar handelt es sich tatsächlich um einen hormonell gesteuerten Zyklus. Unterbrochen wird dieser nur, wenn die Garnelen häufig Gelegenheit zur Fortpflanzung haben. Dann erneuern sich die Spermatophoren nach jeder Ejakulation. Dieser Vorgang dauert allerdings einen Tag. Erst dann sind die Riesengarnelenmännchen wieder einsatzbereit.

DIE AUGEN DER SEESTERNE SITZEN AN DEN ENDEN IHRER ARME.

Seesterne haben zwischen fünf und 40 Arme, und an jedem Armende befindet sich eine Art Auge. Mit unserem Auge ist es jedoch nicht zu vergleichen: Es handelt sich um jeweils 50 bis 200 einzelne lichtempfindliche Sinneszellen, die zusammen ein Komplexauge bilden, ähnlich wie bei Insekten, wobei Seesterne nicht wirklich fokussieren können. Forscher haben getestet, was Seesterne wahrnehmen können. Ergebnis: Sie haben zwar ein recht großes Gesichtsfeld, sind aber farbenblind und können auch keine kleineren oder sich bewegenden Objekte sehen. Es reicht aber dafür, ihr heimatliches Riff wiederzufinden, wie Experimente ergaben – allerdings auch nur dann, wenn die Seesterne schon nah dran waren und wenn das Meer nicht zu dunkel war.

UM SICH ABZUKÜHLEN, SCHMIEREN STÖRCHE IHRE BEINE MIT DEM EIGENEN KOT EIN.

Große Hitze macht nicht nur Menschen, sondern auch vielen Tieren zu schaffen. Aber manchen Tieren fehlen die Schweißdrüsen; sie können nicht schwitzen, um sich abzukühlen. Diese Arten müssen sich was einfallen lassen. Hunde oder Füchse hecheln, und auch von einigen Vögeln weiß man, dass sie so ihre Temperatur herunterregulieren. Ein ganz eigenes Kühlsystem hat der Storch entwickelt: Er beschmiert sich die Beine mit seinem Kot, um sie so vor der Sonneneinstrahlung zu schützen. Dieses Verhalten kann man daran erkennen, dass die Storchenbeine nicht mehr rot sind, sondern jetzt weiß zu sein scheinen. Der Kot funktioniert zum einen wie eine Sonnenschutzcreme, liefert aber auch einen zusätzlichen Kühleffekt, denn das Wasser im Kot verdunstet und kühlt damit genauso, wie es Schweiß tut.

?! **SCHON GEWUSST?** Schweine suhlen sich im Schlamm, um sich vor einem Sonnenbrand zu schützen, denn ihre rosige Haut ist sehr empfindlich und Schlamm wirkt wie eine Sonnencreme. Außerdem haben Schweine keine Schweißdrüsen; die Feuchtigkeit des Schlamms kühlt das Schwein und ersetzt den Schweiß. Der Feldhase nutzt seine Ohren als Wärmetauscher. Sie geben Körperwärme an die Umgebung ab und dienen als Hitzeableiter. Die spärliche Behaarung der Elefanten hält die Wärme nicht wie ein Fell an der Körperoberfläche, sondern leitet sie vom Körper weg. Außerdem führt der Elefant überschüssige Hitze ab, indem er große Mengen Blut in die Ohren pumpt und dann mit den Ohren wackelt, um die Hitze abzutransportieren. Ein ähnliches Prinzip wirkt bei Kühen, bei ihnen nur über die Hörner. Auch die können nämlich sehr stark durchblutet werden, das Blut verliert schnell an Temperatur und fließt gekühlt zurück in den Blutkreislauf des Körpers.

WEIBLICHE GRÜNE IGELWÜRMER ATMEN IHRE BIS ZU 200.000 MAL KLEINEREN MÄNNER EIN, DIE SIE DANN BEFRUCHTEN SOLLEN.

Eine bestimmte Igelwurm-Art, auch Bonellia genannt, zeichnen sich durch enormen Sexualdimorphismus aus. Dieser liegt vor, wenn es zwischen den Geschlechtern deutliche Unterschiede in Gestalt, Form, Farbe oder Größe gibt. Bei den Igelwürmern werden die Weibchen 5 bis 10 Zentimeter lang, die Männchen dagegen nur 2 bis 3 Millimeter. Das Geschlecht der Würmer ist im Larvenstadium noch nicht ausgebildet. Trifft so eine undifferenzierte Larve auf ein Weibchen, dann setzt sie sich an ihrem Rüssel fest, wo sie sich zu etwa 70 Prozent aufgrund stofflicher Einflüsse des Weibchens zu einem Männchen entwickelt. Vom Rüssel aus wandert das kleine Männchen dann in die Eileiter des Weibchens. Bis zu 80 Männchen versammeln sich innerhalb des Weibchens und bleiben den Rest ihres Lebens dort. Für das Weibchen ist das äußerst praktisch: Für die Befruchtung der Eizelle muss sie nicht mehr nach Partnern suchen, denn die sind bereits vor Ort.

ES GIBT EINE FLIEGE, DIE NACH CHARLIE CHAPLIN BENANNT IST, WEIL SIE BEIM STERBEN IHRE BEINE BEUGT.

Neal Evenhuis, leitender Insektenkundler am Bishop Museum in Hawaii, hat schon über 500 Insektenarten entdeckt. Er ist bekannt dafür, ihnen lustige Namen zu geben – so hat er einmal eine Fliegenart „wegen ihres schönen Körpers" nach Model und Schauspielerin Carmen Electra benannt, *Carmenelectra shechisme.* (Insgeheim hoffte er wohl, Carmen Electra dadurch zu treffen, das hat aber nicht geklappt …). 1996 fand er in den Bergen der Hawaii-Insel Oahu eine kleine Fliege, die zur Langbeinfliegen-Unterart *campsicnemus* gehört. Sie lebt auf der Oberfläche natürlicher Wasserbecken in den Bergen und jagt dort auch ihre Beute, andere kleine Insekten. Er benannte sie *Campsicnemus charliechaplini,* weil sie, wenn sie stirbt, ihre Beine so ähnlich beugt wie Charlie Chaplin bei seinem berühmten krummbeinigen Gang. Übrigens hat Herr Evenhuis auch die Fliege *Campsicnemus popeye* entdeckt. Warum sie wohl so heißt? Richtig: Sie hat sehr dicke „Oberarme"!

DER SCHLAMMSPRINGER IST EIN FISCH, DER DIE MEISTE ZEIT SEINES LEBENS AN DER OBERFLÄCHE LEBT.

Der Schlammspringer ist ein ganz besonderes Tier. Denn obwohl er ein Fisch ist, verbringt er die meiste Zeit seines Lebens an Land und kann sogar ertrinken. Optisch sieht man ihm diese Unentschlossenheit direkt schon an. Der breite Kopf, das große Maul und vor allem die Glubschaugen erinnern an einen Frosch, der Körper dagegen ist der eines Fisches.

Aus Sicht von Zoologen gehört er eindeutig zur Gattung der Fische. Aber er jagt seine Beute im Schlamm und flüchtet bei Flut sogar mal auf einen Baum. An Land nutzt er seine langen Brustflossen als Hebel und stößt sich mit der kräftigen Schwanzflosse ab. Zum Überleben braucht der Schlammspringer beide Elemente: Er muss das Wasser mit Sauerstoff anreichern, damit er nicht erstickt. Als Kiemenatmer braucht er aber auch das Wasser. Für seine Landgänge verschließt er die Kiemen und trägt in den Kammern dahinter Wasser mit sich herum, so dass er nicht austrocknet. Wenn er seine Beute frisst, ist der Ausflug an Land beendet, denn mit der Nahrung schluckt er auch die Wasserreserven mit hinunter. Evolutionsbiologen sind sehr interessiert an dem kleinen Schlammspringer, denn sein Doppelleben gibt Aufschluss über die Zeit, als die ersten Wirbeltiere das Meer verließen, um an Land zu leben. Die ersten Pioniere an Land dürften sich genauso fortbewegt haben, wie es noch heute der Schlammspringer tut.

HERINGE KOMMUNIZIEREN MITEINANDER, INDEM SIE FURZEN.

Zunächst dachten die Forscher, die Heringe würden diese Töne produzieren, weil Verdauungsgase versehentlich in die Schwimmblase fehlgeleitet wurden. Doch dann stellten sie fest, dass es sich bei den Pupsen gar nicht um ein Versehen, sondern um absichtsvolle Kommunikation handelt. Wissenschaftler aus Kanada und Schottland fanden heraus, dass die Heringe die Luft aus ihrer Schwimmblase bewusst in den Analtrakt drücken und dadurch pulsierende Töne erzeugen. Solche Töne können bis zu 7,6 Sekunden andauern und drei Oktaven umfassen. Die Wissenschaftler vermuten, dass die Pupstöne den Heringen besonders nachts zur Kommunikation im Schwarm dienen. Im Vergleich zu ihren Artgenossen im Atlantik haben sich die pazifischen Heringe übrigens als klangbegabter herausgestellt.

DER KOT EINES WOMBATS IST WÜRFELFÖRMIG, DAMIT ER NICHT WEGROLLT.

Wombats sind in Australien und Tasmanien beheimatet. Sie sind Pflanzenfresser, ca. einen Meter groß und bis zu 40 Kilogramm schwer. Diese niedlichen Tiere hinterlassen Exkremente in Form von Würfeln. Pro Tag produzieren sie bis zu 100 Stück. Wie sie dies zustande bringen, hat die englische Verhaltensökologin Louise Gentle von der Nottingham Trent University untersucht: Die kleinen Würfel werden bereits im Darm gebildet. Die Verdauung erfolgt sehr langsam, über einen Zeitraum von zwei Wochen, und lässt den Stoff im Darm extrem trocken werden. Hinzu kommt, dass der Darm eine Rippenstruktur hat. In diesen Zwischenräumen entsteht dann die quadratische Form, die bis zum Ausscheiden beibehalten wird. Sie erfüllt einen Zweck: Wombats sind nachtaktiv, sehen schlecht, aber können sehr gut riechen. Sie begrenzen ihre Reviere, die sich öfters auch auf Felsen befinden, mit ihren Kotwürfeln. Und damit die Reviermarkierungen nicht von den Steinen herunterrollen, sind sie eben würfelförmig.

GUT ZU WISSEN
HÄTTEST DU'S GEWUSST?

Hier finden sich jede Menge Fakten, mit denen du auf der nächsten Party punkten kannst – zum Beispiel, dass Delfine sterben, wenn sie Meerwasser trinken, dass mehr Menschen von Kühen getötet werden als von Haien, oder dass Affen im Alter weitsichtig werden.

DAS BLAUE BLUT VON PFEILSCHWANZKREBSEN RETTET UNSER LEBEN: ES WIRD VERWENDET, UM DIE KEIMFREIHEIT VON MEDIKAMENTEN UND MEDIZINISCHEN INSTRUMENTEN NACHZUWEISEN.

Stoffe, die im menschlichen Organismus Fieber auslösen können, heißen Pyrogene (von *pyros*, griechisch für „Feuer", und *gennan*, „erzeugen"). Bevor Medikamente oder Instrumente, die mit unserem Verdauungstrakt oder Blut in Kontakt kommen, verwendet werden, müssen sie auf diese Stoffe hin überprüft werden. Die gefährlichste Gruppe der Pyrogene sind die bakteriellen Endotoxine. Für sie gibt es einen speziellen Test namens Limulus-Amöbozyten-Lysat, kurz LAL. Die

Amöbozyten in diesem Test sind Blutkörperchen des Pfeilschwanzkrebses, die sehr empfindlich auf Endotoxine reagieren. Für unsere Gesundheit muss zum Glück kein Pfeilschwanzkrebs sterben; das Blut wird den lebenden Tieren schonend abgenommen, und danach werden sie wieder ausgesetzt. Da die Prozedur für die Tiere aber möglicherweise stressig sein kann, sollten wir ihnen sehr dankbar sein …

Dass viele Menschen von Katzenhaaren Niesanfälle bekommen, ist nichts Neues. Doch Forscher in einer schottischen Tierklinik fanden heraus, dass auch Katzen von Menschen die Nase buchstäblich voll haben können. Asthma, also die chronische Entzündung der Atemwege, ist bei Katzen seit etwa 90 Jahren

MANCHE HAUSKATZEN SIND ALLERGISCH GEGEN MENSCHEN.

eine bekannte Krankheit. Eine Katze mit Asthma hustet, niest und ist kurzatmig. Etwa einer von 200 Stubentigern leidet inzwischen darunter, auch weil immer mehr Katzen in der Wohnung gehalten werden. Untersuchungen der Forscher ergaben,

dass Reizquellen wie Zigarettenqualm, Staub, Schmutz und menschliche Hautschuppen das Asthma verursachen oder verschlimmern können. In der Tierklinik, befreit von den Reizstoffen in der Atemluft, verbesserte sich der gesundheitliche Zustand der Katzen schnell. Glücklicherweise kann Asthma bei Katzen, wie auch bei Menschen, gut behandelt werden.

OKTUPUSSE HABEN BLAUES BLUT.

U nser Blut hat seine rote Farbe durch den eisenhaltigen Proteinkomplex Hämoglobin. Es transportiert durch eine Eisenverbindung den Sauerstoff von den Lungen durch unsere Adern zu den Organen und gibt dem Blut auch seine rote Farbe. Je gesättigter Blut mit Sauerstoff ist, desto roter wird es. Das Blut von Weichtieren, wie der Oktopus eines ist, enthält kein Hämoglobin, sondern Hämocyanin. Statt Eisen bindet hier Kupfer den Sauerstoff und dieser färbt bei hoher Sättigung das Blut blau. Kupfer kann Sauerstoff nicht so gut transportieren wie Eisen, deswegen erschöpft ein Oktopus schneller als ein Mensch.

SCHON GEWUSST?
Oktopusse sind sehr klug. In Experimenten mit sieben in der freien Natur gefangenen Oktopussen zeigte sich, dass sie in der Lage waren, komplizierte Puzzle zu lösen und ihre Strategien anpassen können, wenn sich das Problem ändert. Zu diesem Zweck gab man den Oktopussen eine verschlossene Box mit Futter, die sich durch eine Kombination von Ziehen und Drücken von Mechanismen öffnen ließ. Jedes Tier hatte seine eigene Vorgehensweise und probierte verschiedene Lösungen aus, bis es an das Futter herankam.

GEPARDEN GEBÄREN GLEICHZEITIG KINDER VON MEHREREN VÄTERN.

E in solcher Kuckuckswurf ist möglich, da Gepardenweibchen auch während ihrer Tragzeit noch Eizellen produzieren, wenn sie erneut gedeckt werden. Dieser biologische Vorgang nennt sich „induzierte Ovulation" und kommt auch bei anderen Tieren wie Hauskatzen, Kaninchen und einigen Kamelen vor. Auf diese Weise wird für eine breitere genetische Vielfalt gesorgt, die das Überleben der Spezies begünstigen kann. Das haben die Geparden als stark bedrohte Art leider bitter nötig. Vielleicht bleibt deswegen kaum ein Gepardenweibchen nur bei einem Partner. Wissenschaftler fanden dies heraus, als sie neun Jahre lang ein Rudel Geparden in der Serengeti begleiteten und dabei die DNA von 47 Würfen analysierten: Fast die Hälfte wurde von mehreren Männchen gezeugt. DNA-Analysen zeigten, dass die Gepardenweibchen Nachkommen von bis zu drei Vätern gleichzeitig austrugen. Geparden mögen die schnellsten Sprinter der Welt sein – für ihre Treue bekommen sie jedenfalls keinen Pokal.

EINE SCHILDKRÖTE, DIE BEI EINEM BUSCHFEUER FAST KOMPLETT VERBRANNTE, KONNTE DANK TIERSCHÜTZERN GERETTET WERDEN: IHR WURDE EIN NEUER 3D-DRUCK-PANZER AUFGESETZT.

D ie Trägerin des ersten 3D-gedruckten Panzers heißt Freddy. Die Schildkröte lebt in Brasilien und wurde 2015 bei einem Buschfeuer schwer verletzt. Das Feuer verbrannte 85 Prozent ihres Panzers. Die „Animal Avengers", Tierretter aus São Paulo, fanden die Schildkrötendame und gaben ihr den Spitznamen nach Freddy Krueger. Zum Team gehören Dr. Rodrigo und Dr. Matheus Rabello, Dr. Sergio Camargo, Tierarzt Dr. Roberto Fecchio, Designer Cicero Moraes, Zahnarzt Dr. Paulo Esteves und Zahanarzt Dr. Paulo Miamoto, der den vierteiligen neuen Panzer auf seinem 3D-Drucker herstellte. Für jedes Element brauchte das Gerät 50 Stunden. Der zunächst schneeweiße Kunstpanzer wurde vom Künstler Yuri Caldera so naturgetreu angemalt, dass Freddy jetzt von einer normalen Schildkröte nicht mehr zu unterscheiden ist. Freddy ist nicht die erste Patientin mit einer solchen Prothese. Von den „Animal Avengers" bekamen bereits drei Tukane, ein Papagei und eine Gans neue Schnäbel.

ÜBER 80 PROZENT DER TIERE AUF MADAGASKAR GIBT ES NIRGENDWO ANDERS AUF DER WELT.

Vor Millionen von Jahren war die Landmasse, die heute Madagaskar heißt, Teil von Gondwanaland, dem prähistorischen Superkontinent, der im Lauf der Jahrmillionen in seine Einzelteile zerbrach. Madagaskar entstand, als es sich vor 160 Millionen Jahren zunächst von Afrika abtrennte und weitere 90 Millionen Jahre später auch von Indien. Deswegen nennt man die Insel im Indischen Ozean auch manchmal den „achten Kontinent". Durch diese Isolation entwickelte sich dort eine komplett einzigartige Pflanzen- und Tierwelt. Geschätzt kommen 80 bis 90 Prozent der dort heimischen Pflanzen- und Tierarten nur in Madagaskar vor. Dazu gehören beispielsweise die Lemuren. Sie lebten bereits in der Region, als sie vom afrikanischen Kontinent abgespalten wurde. Danach entwickelten sich dort völlig eigene Unterarten. Noch heute gibt es weltweit nirgendwo so viele Lemuren- und auch Chamäleonarten wie auf Madagaskar.

ELEFANTEN KOMMUNIZIEREN ÜBER VIBRATIONEN, DIE SIE DURCH LAUTES AUFSTAMPFEN AUSLÖSEN UND AN DEN FÜSSEN SPÜREN.

Wenn ein Elefant mit dem Fuß aufstampft, wackelt die Erde nicht nur sprichwörtlich. Die bis zu 6 Tonnen schweren Tiere können Vibrationen auslösen, die bis zu 32 Kilometer weit übertragen werden. Caitlin O'Connell-Rodwell, Biologin an der Stanford University in Kalifornien, stellt die Theorie auf, dass Elefanten diese Signale nutzen, um miteinander zu kommunizieren, beispielsweise um einen Artgenossen zu finden oder den Weg zu einer Wasserstelle zu weisen. Sie fand heraus, dass Elefanten auch durch Trompeten und Schreie niedrigfrequente Geräusche produzieren können. Je niedriger die Frequenz eines Tons ist, desto weiter kann er getragen werden. O'Connell-Rodwell konnte nachweisen, dass andere Elefanten auf diese Signale reagierten, indem sie näher zusammenrückten und sich in die Richtung, aus der die Töne kamen, orientierten.

Eine Studie, die über 22.000 Würfe von insgesamt 151 Hunderassen untersuchte, ergab, dass die Kaiser-

MANCHE REINRASSIGEN HUNDE SIND SO HOCHGEZÜCHTET, DASS SIE SICH NICHT MEHR AUF NATÜRLICHE ART FORTPFLANZEN KÖNNEN.

schnittrate bei Hunderassen mit einer kurzen, runden Kopfform deutlich erhöht ist. Diese sogenannte Brachycephalie ist eigentlich eine Deformation, die aber bei Rassen wie der Bulldogge das gewünschte optische Ergebnis ist. Bulldoggen-welpen haben daher einen verhältnismäßig großen Kopfumfang, was den natürlichen Geburtsverlauf erschwert oder unmöglich macht. Die Forscher stellten fest, dass über 80 Prozent der Würfe von Hündinnen der Rassen Boston Terrier und Französische Bulldogge per Kaiserschnitt auf die Welt geholt werden. Auch bei der Zeugung muss bei solchen Rassen der Mensch eingreifen, denn die Rüden sind durch ihren Hüftbau nicht in der Lage, ihre Partnerin zu besteigen.

IM ERSTEN WELTKRIEG WURDEN TAUBEN ZUR SPIONAGE UND ALS NACHRICHTEN-ÜBERMITTLER EINGESETZT.

Viele Taubenarten besitzen (wie Zugvögel im Allgemeinen) einen sehr präzisen Orientierungssinn. Aus hunderten von Kilometern Entfernung finden sie den Weg nach Hause zurück. Deswegen wurden sie schon in der Antike als Brieftauben eingesetzt. Auch im Ersten Weltkrieg machten sich die Kriegsparteien den Orientierungssinn der Tauben zunutze; allein in Deutschland waren mehr als 20.000 Kriegstauben im Spionageeinsatz. Zwar kommunizierte man hauptsächlich über Telegrafenleitungen, diese waren aber empfindlich gegen Feuchtigkeit, rissen ein oder wurden vom Feind zerstört. Die Spionagetauben dagegen waren sehr robust und zuverlässig. In der Schlacht um Verdun, einer der blutigsten und langwierigsten Stellungsschlachten in der Geschichte der Menschheit, kamen sieben mobile Taubenschläge zum Einsatz. Eine der ersten Kampfhandlungen nach Eroberung neuer Gebiete war daher stets die Zerstörung der Taubenställe. Da im Ersten Weltkrieg viel Giftgas eingesetzt wurde, fertigte man für die Tauben Gasschutzbehälter an. Die Nachrichten, die von den Tauben in kleinen Aluminiumhüllen transportiert wurden, waren meist verschlüsselt. Einige berühmte Tauben wie „Cher Ami" oder „G.I. Joe" wurden wegen ihrer besonderen Leistungen mit militärischen Ehrungen ausgezeichnet.

ES WURDE EINE NEUE SÄUGETIERART ENTDECKT, DIE SO KLEIN IST WIE EINE MAUS, JEDOCH MIT ELEFANTEN VERWANDT IST.

Falls sich Elefanten wirklich vor Mäusen und anderen kleinen Tierchen fürchten, sollten sie ihre neuesten Verwandten deshalb besser nicht besuchen: Das erst 2005 in Tansania entdeckte Graugesichtige Rüsselhündchen gehört zur Familie der Rüsselspringer. Mit bis zu 58 cm Gesamtlänge und rund 700 g Lebendgewicht ist es zwar größer als die bereits bekannte Elefantenspitzmaus, doch die Verwandtschaft zu den sanften grauen Riesen ist trotzdem nicht gerade offensichtlich. Makrobiologische Untersuchungen haben jedoch zweifelsfrei bewiesen, dass Rüsselhündchen und Elefantenspitzmaus nicht nur einen Rüssel im Gesicht haben, sondern auch genetisch betrachtet näher am Elefanten als an der Maus sind. Das Graugesichtige Rüsselhündchen ist in den Bergregenwäldern Ostafrikas zu finden. Viel ist über seine Lebensweise noch nicht bekannt. Die possierlichen Insektenfresser scheinen jedoch lebenslänglich dem gleichen Partner treu zu sein. .

?! **SCHON GEWUSST?** Rüsselspringer sind die bisher kleinsten bekannten Verwandten des Elefanten. Die Familie hat aber noch andere Mitglieder, bei denen man erst einmal nicht erwarten würde, dass sie irgendwie mit den sanften grauen Riesen verwandt sind. Da wären zum Beispiel die Klippschliefer. Die putzigen Felskletterer sehen aus wie Murmeltiere; deshalb hielt man sie auch lange für Nager. Der genaue Blick auf die Pfoten ließ Forscher aber vermuten, dass Klippschliefer in Wahrheit Huftiere sind. Später bestätigten DNA-Analysen, dass die Tierchen tatsächlich Cousins der Elefanten sind. Selbst im Meer finden sich Elefanten-Verwandte. Obwohl Seekühe auf den ersten Blick nun wirklich nicht so aussehen, stammen sie direkt vom gleichen Vorfahren ab – genetisch betrachtet sind Elefanten und Seekühe also Geschwister. Im Gegensatz zu den Landtieren der Familie haben sich Seekühe über die ganze Welt verbreitet. Sie sind in Südostasien und um Australien ebenso heimisch wie in der Karibik. Als Kolumbus dort Seekühe sichtete, hielt er sie einst für Meerjungfrauen.

BAUMHÖRNCHEN KÖNNEN GEFRUSTET UND SAUER SEIN, WENN ETWAS NICHT NACH IHRER VORSTELLUNG ABLÄUFT.

Sie schnippen dann hektisch mit dem Schwanz. Für die Wissenschaft ist dieses Verhalten interessant, weil es Einblicke in die evolutionäre Entwicklung von Frustration gibt. Untersuchungen mit Fuchshörnchen haben gezeigt, dass diese Tiere in frustrierenden Situationen mit ähnlichen Verhaltensabläufen reagieren wie der Mensch: erst gereizt und dann mit Problemlösungsstrategien. Im kalifornischen Berkeley trainierte ein Team um Mikel Delgado die possierlichen Tierchen darin, Behälter mit Nüssen zu öffnen. Im nächsten Schritt wurden dann Ärgernisse in den Versuchsablauf eingebaut – manche Behälter waren leer, andere verschlossen, wiederum andere enthielten statt leckeren Walnüssen nur Maiskörner. Die Fuchshörnchen reagierten sichtbar frustriert. Am meisten ärgerten sie sich über die Behälter, die sie nicht öffnen konnten. Aber schon bald ging die Phase der Wut in eine Phase neuer Strategieentwicklungen über: Die Hörnchen versuchten alle möglichen Methoden, um die Behältnisse doch aufzubekommen. Frustration scheint also eine wichtige Triebfeder zu sein, um über Probleme nachzudenken und Lösungen herbeizuführen.

Offensichtlich gibt es für Säugetiere ein Gesetz des Pinkelns. Denn egal ob Elefant, Hund, Katze oder Mensch, bei allen dauert es zwischen 13 und 21 Sekunden, die Blase zu entleeren. Die Größe des Tieres und die Beschaffenheit ihres Harntraktes spielen dabei überraschenderweise keine Rolle: Die Blase eines Elefanten ist mit einem Fassungsvermögen von 18 Litern zum Beispiel 3600 mal größer als die Blase einer Katze, die hat nur ein Fassungsvermögen von fünf Millilitern. Aber beide brauchen 21 Sekunden, bis ihre vollen Blasen entleert sind. Beide pinkeln übrigens, wie alle anderen Säugetiere auch, im

SÄUGETIERE URINIEREN IMMER ZWISCHEN 13 UND 21 SEKUNDEN LANG.

Schnitt fünf- bis sechsmal am Tag. Den Grund für die seltsame Übereinstimmung vermuten Wissenschaftler darin, dass größere Tiere längere Harnröhren haben und damit eine höhere Gravitationskraft und Strömungsgeschwindigkeit erzielen. Dass Säugetiere ihren Urin überhaupt speichern, hat Forschern zufolge nicht nur Hygienegründe, sondern liegt vor allem daran, dass ein dauernder Uringeruch sie zu einer leichten Beute für Räuber machen würde.

EIN PARASIT, DER SICH OFT IM KOT VON KATZEN BEFINDET, KÖNNTE DABEI HELFEN, KREBS ZU HEILEN. DIE ERSTEN VERSUCHE AN MÄUSEN VERLIEFEN POSITIV.

A uf manche Pflichten würden Tierhalter sicher gern verzichten – zum Beispiel auf das Reinigen des Katzenklos. Das ist nicht nur unappetitlich, sondern birgt auch das Risiko von Infektionen. Besonders häufig ist dabei der Parasit *Toxoplasmosa gondii,* mit dem Menschen sich leicht anstecken können. Zum Glück bemerken die meisten davon nichts. Nur tur Schwangere und immungeschwächte Personen kann die Krankheit schlimme Folgen haben. Nun könnte ausgerechnet der Toxoplasmose-Erreger ein Wundermittel gegen Krebs ermöglichen. Amerikanische Forscher haben festgestellt, dass der Parasit die natürlichen Abwehrkräfte so gründlich aktiviert, dass sie danach sogar mit aggressiven Formen von Krebs fertig werden. Zumindest im Laborversuch. Für den Test am Menschen ist die Therapie noch nicht reif, erklären David J. Bzik und Barbara Fox vom Dartmouth College. Doch wenn ihre Studien weiterhin erfolgreich verlaufen, könnte man sich in Zukunft einfach gegen Krebs impfen lassen. Dann macht das Katzenklo nicht mehr nur die Katze froh.

?! **SCHON GEWUSST?** Während die Wirkung von *Toxoplasmosa gondii* gegen Krebs noch weiter erforscht werden muss, haben tschechische Forscher bereits einen anderen erstaunlichen Effekt des Krankheitserregers bemerkt. Sie wollten wissen, ob auch eine längst überstandene Toxoplasmose noch Auswirkungen auf die Schwangerschaft haben kann. Bei der Analyse von über 1800 Geburten zeigte sich dann überraschenderweise, dass die Schwangeren mit Toxoplasmose-Antikörpern im Blut mehr als doppelt so oft Jungen zur Welt brachten. Die Wissenschaftler vermuten, dass die erhöhte Männerquote mit der Veränderung des Immunsystems zusammenhängt: Weibliche Embryonen werden vom Körper der Mutter stärker als Fremdkörper wahrgenommen – daher auch die vermehrte Übelkeit. Entsprechend haben bei Toxoplasmose-positiven Müttern männliche Embryos die besseren Überlebenschancen. Schwangere, die noch keine Toxoplasmose hatten, sollten sich aber auch dann vom Katzenklo fernhalten, wenn sie sich einen Sohn wünschen. Denn eine akute Infektion kann für den Nachwuchs tödlich sein – unabhängig vom Geschlecht.

Im Jahr 2016 ist bereits die ganze Welt von Google Street View abgefilmt und erfasst. Die ganze Welt? Nein, nicht die Faröer-Inseln, die abgeschieden im Nordatlantik irgendwo zwischen Island und Schottland liegen. Kein Google-Auto nahm hier je seine Arbeit auf, sodass die Färinger, also die Bewohner der 18 Inseln, die Vermessung ihrer Welt kurzerhand in die eigenen Hände nahmen: Die Unternehmerin Durita Dahl Andreassen hatte die Idee, statt auf Pferdestärken auf Schaf-Power zu setzen. Denn Schafe gibt es auf der idyllischen Inselgruppe mehr als genug: Auf ca. 50.000 Einwohner kommen etwa 80.000 Schafe. Ausgestattet mit 360°-Solar-Kameras zuckeln nun also die ersten Test-Schafe für Sheep View filmend über zunächst zwei Inseln und vermitteln die Schönheit der rauen Faröer-Landschaften. Bilder und Videos pflegt Andreassen selbst in Google Street View ein. Als PR-Aktion für den Faröer-Tourismus ist Sheep View schon ein voller Erfolg, aber auch ein anderes Ziel soll damit erreicht werden: Per Petition möchten Andreassen und ihre Mitstreiter Google doch noch dazu bringen, auch ihre schönen Inseln für den Rest der Welt im Internet festzuhalten.

Ein erwachsener Mensch hat ungefähr 206 Knochen. Obwohl die Giraffe doch um einiges größer ist als wir, verfügt sie nur über die Hälfte davon. Interessanterweise haben Mensch und Giraffe aber gleich viele Halswirbel, näm-

lich sieben, auch wenn das angesichts der Länge des Halses dieser Säugetiere schwer zu glauben scheint. In der Tat haben beinahe alle Säugetiere sieben Halswirbel, so auch Hunde und Katzen. Auf der anderen Seite ist es überraschend, dass eine Eule dagegen 14 Wirbel in ihrer Halswirbelsäule vorzuweisen hat, angesichts der enormen Längenunterschiede der Hälse dieser beiden Tiere ein verblüffender Fakt. Die Erklärung hierfür sind die Augen der Eule: Sie sitzen fest im Schädel und können nur nach vorne blicken. Will sie zur Seite schauen, muss sie ihren ganzen Kopf drehen, den sie sogar fast einmal komplett herumdrehen kann. Die Giraffe hat ein anderes Sichtfeld und muss diese Wirbelsäulenakrobatik daher nicht leisten.

DIE MEISTEN TIGER DER WELT LEBEN IN DEN USA.

Tierschutzverbände gehen für die USA von 5000 Tigern in privater Hand aus, mache Schätzungen liegen beim Doppelten oder Dreifachen. Fest steht, dass damit mehr Tiger in den USA als Haustiere leben als weltweit in freier Wildbahn. Meist beginnt es mit einem flauschigen Kleintier, das aber in kürzester Zeit zu einem großen, starken und gefährlichen Raubtier heranwächst, das täglich bis zu 10 Kilo Fleisch frisst. Dann sind die meisten Halter überfordert und das majestätische Tier landet in einer Auffangstation – oftmals auch krankgezüchtet, misshandelt oder traumatisiert. Eine ganze Industrie hat sich um die Großkatzen im Tiger-Eldorado USA entwickelt, die von einer unzureichenden Gesetzgebung und Aufsicht sowie von zu leichten Zugangsmöglichkeiten profitiert. Für nur 5000 Dollar ist ein Tigerbaby zu haben, Sachkenntnis zur Haltung der Raubkatzen wird kaum vorausgesetzt bzw. kontrolliert. Und so ist es kein Wunder, dass Unfälle wie der des Showstars Roy vom Künstlerduo Siegfried & Roy keine Einzelfälle sind: Durch entlaufene oder unsachgemäß gehaltene Tiger werden jedes Jahr Erwachsene wie Kinder verletzt oder getötet.

DIE STACHELN EINES STACHELSCHWEINS SIND MIT EINEM NATÜRLICHEN ANTIBIOTIKUM VERSETZT, DAMIT DIE TIERE SICH KEINE WUNDEN ZUFÜGEN, DIE SICH SPÄTER ENTZÜNDEN.

Die Stacheln eines Stachelschweins sind die längsten aller Säugetiere. In Laboranalysen kam heraus, dass sie außerdem eine antiseptische Wirkung haben. Verantwortlich dafür sind bestimmte Fettsäuren, mit denen die Stacheln überzogen sind. Proben dieser Substanz konnten in Experimenten die Ausbreitung von sechs Bakterienstämmen erfolgreich eindämmen. Forscher vermuten, dass diese Eigenschaft nicht unbedingt den Feinden von Stachelschweinen, sondern vor allem den Tieren selbst zugutekommt. Stachelschweine sind nämlich relativ intelligent, aber nicht unbedingt sehr geschickt. Auf der Suche nach saftigen Blättern passiert es ziemlich oft, dass sie von den Bäumen herunterfallen, in denen sie herumklettern. Das Risiko einer Entzündung durch das Stechen mit den eigenen Stacheln würde durch die antibiotischen Eigenschaften deutlich reduziert.

141

M eghan LaPlante konnte wohl zunächst ihren Augen nicht trauen, als sie die Hummerfalle

DER 14-JÄHRIGEN MEGHAN LAPLANTE GING EIN BLAUER HUMMER INS NETZ. DIE CHANCE, IN DEN USA EINEN BLAUEN HUMMER ZU FANGEN, LIEGT BEI 1 : 2.000.000.

an jenem Samstagmorgen im Sommer 2014 aus dem Wasser zog. Die Vierzehnjährige hatte schon seit einigen Jahren in ihren Ferien im Familienunternehmen geholfen. Doch auch der Chef des „Miss Meghan's Lobster Catch" staunte nicht schlecht. Ein echter blauer Hummer, einer der seltensten seiner Art, war ins Netz gegangen. Die blaue Farbe ist die Folge einer seltenen Genmutation, bei der ein Protein in erhöhten Mengen produziert wird. Und trotzdem ist der blaue Hummer nicht der seltenste seiner Art – dieser Titel ist dem Albino-Hummer vorbehalten. Der Wurf in den Kochtopf wurde diesem blauen Hummer übrigens erspart. Meghan taufte ihren Fang „Skylar" und schenkte ihn dann dem Maine State Aquarium. Dort verbringt er mit anderen blauen, gelben und sogar einem weißen Artgenossen ein glückliches Hummerleben.

FAST ALLE PANDAS AUF DER WELT GEHÖREN CHINA.

Z unächst einmal kommen Pandabären als freilebende Tiere wirklich nur in China vor. Zwischen den 1950er- und 1980er Jahren gab es die sogenannte Panda-Diplomatie: Die chinesische Regierung brachte westlichen Staatschefs insgesamt 24 Mal Pandas als symbolische Geschenke mit; auch der damalige Bundeskanzler Helmut Schmidt bekam 1980 zwei Exemplare für den Berliner Zoo. Inzwischen leben diese Pandas nicht mehr; etwaige Nachkommen würden nicht China gehören. So gibt es im Zoo von Mexico City zwei Pandas, die von einer Pandabärin abstammen, welche in den 1970er Jahren als chinesisches Geschenk nach Mexiko kam. Doch seit 1984 ist China dazu übergegangen, Pandas nicht mehr zu verschenken, sondern für zehn Jahre an Zoos auf der ganzen Welt zu verleihen – gegen eine ordentliche Gebühr, versteht sich. Die Nachkommen dieser Pandas sind alle chinesisches Eigentum.

ZIEGEN HABEN RECHTECKIGE PUPILLEN.

Irgendwie denkt man ja immer, alle Lebewesen müssten die gleiche Pupillenform haben wie wir Menschen, nämlich rund. Doch schon bei der eigenen Katze sieht man, dass es auch ganz anders geht: Katzen haben nämlich vertikale Schlitze als Pupillen. Die Pupillen von Ziegen (und Schafen) sehen noch ungewöhnlicher aus; sie haben die Form eines querliegenden Rechtecks. Forscher haben herausgefunden, dass diese verschiedenen Formen etwas damit zu tun haben, ob das Tier eher ein Räuber oder eher ein potenzielles Opfer ist: Kleinere Raubtiere haben vertikale Pupillen, damit sie ihre Beute scharf sehen und die Distanz zu ihr abschätzen können. Pflanzenfresser wie Ziegen sind hingegen eher Opfer; sie benötigen eine Rundumsicht, um potenzielle Jäger früh zu sehen. Deshalb sind die Augen bei ihnen auch an den Seiten des Kopfes angebracht und nicht vorn wie bei Katzen. Ausnahmen sind große Raubtiere wie Löwen und Tiger, die – wie der Mensch – runde Pupillen haben. Die Pupillen von Tintenfischen sind übrigens W-förmig …

DELFINE STERBEN, WENN SIE MEERWASSER TRINKEN.

Sie sterben nicht gleich, wenn sie mal einen kleinen Schluck nehmen, aber als tägliches Getränk ist Meerwasser für sie tatsächlich ungeeignet, weil es sie austrocknen und ihre Nieren schädigen würde. Schade, wo sie doch so einfach drankämen! Stattdessen müssen sie, wie alle anderen Säugetiere auch, täglich Süßwasser trinken. Delfine bekommen einigermaßen salzloses Wasser durch ihre Nahrung: Die Fische, die sie essen, haben das Salzwasser schon vorgefiltert; den Rest besorgen die Organe des Delfins selbst. Außerdem fällt Wasser bei ihnen als Stoffwechselprodukt bei der Fettverbrennung an, und ihre Nieren sind darauf trainiert, viel Wasser zurückzuhalten und bei Bedarf sehr salzigen Urin auszuscheiden. Andere Meeressäuger behelfen sich anders: Seelöwen sind schon beim Verspeisen von Schnee gesichtet worden; Seekühe lassen sich erfolgreich von Wasser aus Gartenschläuchen anlocken.

QUALLEN BESTEHEN ZU ÜBER 98 PROZENT AUS WASSER.

Genau genommen sind Quallen gar keine bestimmte Art von Lebewesen, sondern sie bezeichnen ein bestimmtes Lebensstadium von Nesseltieren. Außerdem gibt es noch die Rippenquallen, aber die sind in Wahrheit gar keine Quallen und gehören auch nicht zu den Nesseltieren. Das ist ganz schön verwirrend für etwas, das zu 98 bis 99 Prozent aus Wasser besteht. Abgesehen von einigen wenigen Süßwasserquallen leben die meisten Quallenarten im Meer. Sie sind schirmartig aufgebaut; unterhalb des Schirms befindet sich ein Magenstiel mit einer Mundöffnung und in den meisten Fällen haben sie lange Tentakeln, die mit Nesselzellen besetzt sind. Mit den Tentakeln fangen Quallen Beute oder verteidigen sich gegen Feinde. In den Nesselzellen wird ein giftiges Sekret gebildet. Der Quallenkörper setzt sich aus zwei Gewebelagen zusammen, die jeweils nur ein fünfzigstel Millimeter dick sind und in denen sich eine gallertartige Masse befindet. Das gelartige Innere der Qualle besteht fast nur aus Wasser und hat damit etwa die gleiche Dichte wie seine Meeresumgebung. Die gallertartige Masse wird aus einem Strukturprotein, dem Kollagen, gebildet, das auch im menschlichen Bindegewebe vorkommt. Daher sind Quallen zunehmend für die medizinische Forschung von Interesse. Schon heute wird ihr Kollagen in der Kosmetikindustrie eingesetzt und in der plastischen Chirurgie als Knorpelersatz für verschlissene Gelenke.

FRÖSCHE, FISCHE UND SOGAR ALLIGATOREN KÖNNEN TATSÄCHLICH VOM HIMMEL FALLEN.

D ass es plötzlich Fische oder anderes Getier regnet, meint man eigentlich nur aus der Bibel oder absurden Filmen wie *Sharknado* zu kennen. Doch dieses Naturphänomen gibt es wirklich. Es kann geschehen, wenn eine Wasserhose auftritt, also ein Tornado, der über einer Wasseroberfläche entsteht. Wasserhosen bleiben normalerweise nicht lange bestehen. Doch wenn es passiert, kann es geschehen, dass die im Wasser lebenden Tiere in die Luft gewirbelt werden und anderswo wieder zur Erde fallen. So regnete es im März 2010 in Australien Grunzbarsche und 2009 in diversen japanischen Städten Kaulquappen. Am 26. Dezember 1887 schrieb die *New York Times* sogar über sechs Alligatoren, die in Kentucky auf einer Farm herunterfielen. Berichte von Fröschen, die vom Himmel fielen, gehen bis ins 3. Jahrhundert vor Christus zurück. Heutige Forscher nehmen an, dass all diese Phänomene von Wasserhosen verursacht wurden.

DER KOT VON SEEVÖGELN KÜHLT DIE ARKTIS.

D ie Arktis ist die Region, die vom Klimawandel am stärksten betroffen ist. Während die Erde seit der vorindustriellen Zeit im Schnitt um 1,2 Grad wärmer geworden ist, sind es in der Arktis bis zu 7 Grad. Infolgedessen schmilzt das Eis und in einigen Gebieten taut der Permafrost im Sommer auf. Das hat gravierende Auswirkungen auf Flora und Fauna – besonders die Millionen von Seevögeln, die im hohen Norden brüten, müssen versuchen, sich an die neuen Bedingungen anzupassen. Wie ein Forscherteam um Betty Croft von der Dalhousie University in Halifax jetzt herausfand, greifen die Vögel aber auch selbst messbar in das Klimageschehen ein. Denn der Kot der Vögel enthält große Mengen Ammoniak, das aus den Exkrementen ausgast und anschließend in der Luft an der Bildung von Aerosolen beteiligt ist, die wiederum zur Wolkenbildung beitragen. Und das hat einen Kühleffekt. Das funktioniert besonders gut, wenn der Ammoniak mit den Schwefelverbindungen aus dem nahen Ozean reagiert. Der Kot der Vögel produziert nördlich des 66. Breitengrades einen Anstieg von Ammoniak um mehr als 50 Prozent, im Sommer können es in der Nähe der Brutgebiete sogar 500 Prozent sein. Der Effekt ist laut Wissenschaftlern eine Minderung der Sonnenenergie um 0,5 bis zu 1 Watt pro Quadratmeter. Das ist zwar beeindruckend viel, reicht aber bei Weitem nicht, um den Klimawandel nennenswert abzupuffern.

IM MITTELALTER WURDEN HUNDE, RINDER, SCHWEINE UND RATTEN FÜR DIVERSE VERGEHEN VOR GERICHT GESTELLT UND VERURTEILT.

Im Mittelalter gab es zwar auch schon eine Gerichtsbarkeit, aber die Rechtsprechung geschah eher auf Grundlage von Aberglauben, alttestamentarischen Geboten und der Vorstellung, das Unrecht ausgeglichen werden muss, da sonst das kosmische Gleichgewicht in Gefahr gerät. So kam es, dass nicht nur Menschen, sondern auch Tiere wie Hunde, Schweine, Ratten und sogar Heuschrecken vor Gericht gestellt und verurteilt wurden. Meistens folgte die Todesstrafe: Ein Hahn wurde auf dem Scheiterhaufen verbrannt, weil er ein Ei gelegt haben sollte. Ackerschädlinge wie Heuschrecken wurden per Gericht des Ortes verwiesen, ein der Sodomie beschuldigter Esel wurde dagegen freigesprochen, da es Zeugenaussagen gab, die seine Tugendhaftigkeit glaubhaft machten. 1522 wurde eine Ratte wegen mutwilliger Zerstörung der Gersteernte vorgeladen, erschien aber nicht. Nicht immer waren diese Gerichtsverfahren ernst gemeint. In der Schildbürgerstadt Schilda wurden 1597 Todesurteile über einen Krebs und einen Maulwurf verhängt; der Krebs wurde zum Tode durch Ertränken verurteilt, der Maulwurf wurde lebendig begraben.

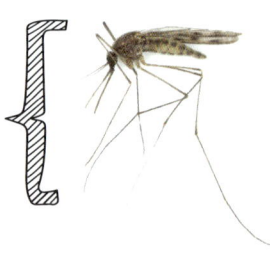

DIE NAZIS PLANTEN, STECHMÜCKEN ALS WAFFEN EINZUSETZEN.

Zu dieser Erkenntnis gelangte 2014 der Tübinger Wissenschaftler Klaus Reinhardt, der Protokolle des Konzentrationslagers Dachau ausgewertet hatte. Auf dem Gelände des Dachauer KZs gab es ein Forschungsinstitut, das sich mit Insekten befasste. Offiziell wollte man dort Mittel gegen von Läusen und Insekten übertragene Krankheiten finden, die unter Soldaten und in den KZs verbreitet waren. Doch Notizen des Institutsleiters Eduard May vom Ende des Zweiten Weltkrieges, 1944, lassen darauf schließen, dass auch verschiedene Malaria übertragende Stechmücken auf ihre Tauglichkeit als Biowaffen getestet wurden. Wichtig dafür war, dass die infizierten Mücken lange genug überleben konnten, um sie an die geplante Abwurfstelle bringen zu können, wo sie dann möglichst viele Menschen infizieren sollten. Die Mücken bekamen stets einen Nachschub an Blut – manchmal mittels Kaninchen, aber es wurden auch Lagerinsassen vorsätzlich mit Malaria infiziert. Am Ende gab es eine Empfehlung für eine bestimmte Mücke, die Anopheles-Mücke A. maculipennis. Hitler hatte zwar den Einsatz von Biowaffen nicht vorgesehen, aber wer weiß, was noch passiert wäre …

KÜHE TÖTEN MEHR MENSCHEN, ALS HAIE DIES TUN.

Vor Haien haben irgendwie alle eine Höllenangst. Vermutlich hat man einfach die Bilder aus *Der weiße Hai* im Kopf, sodass man sich unwillkürlich jedes Mal, wenn man in irgendeinem Meer badet, nach einer heranjagenden dreieckigen Rückenflosse umschaut. Ein klassisches Beispiel für irrationale Ängste, denn tatsächlich töten Haie weltweit nur etwa fünf bis zehn Menschen pro Jahr. Etwa 70 Haiattacken werden jährlich gemeldet (häufig sind Surfer betroffen); nur die wenigsten enden tödlich. Kühe hingegen sind allein in den USA für 22 Tote im Jahr verantwortlich. Aber auch in Großbritannien, Dänemark oder Österreich – eben allen Ländern, in denen es viele Kühe gibt – sterben jedes Jahr ein paar Menschen an Kühen, die sie tottrampeln, an eine Wand quetschen, auf die Hörner nehmen oder ihnen ganz einfach vors Auto laufen. Österreich hat dazu schon ein paar Regeln für Wanderer aufgestellt, die über Almwiesen voller Kühe laufen müssen: So soll man bei Kühen, die ein Kälbchen bei sich haben, besondere Vorsicht walten lassen.

WENN MAN EINE NACHTSICHTBRILLE TRÄGT, SIEHT MAN KEINE POLARBÄREN. SIE SIND UNSICHTBAR.

In einer Schnee-landschaft sieht man die Bären schon tagsüber nicht, weil sie mit ihrem weißen Fell komplett mit dem umgebenden Schnee verschmelzen. Doch auch Infrarotlicht – oder nachts eben Nachtsichtgeräte – helfen nicht viel weiter, denn damit sieht man die Wärme, die ein lebendes Wesen abstrahlt, und das funktioniert bei Eisbären nicht, weil ihr Fell so extrem gut isoliert und die Wärme im Körperinneren hält. Ihre äußerste Fellschicht hat dann ungefähr die gleiche Temperatur wie der Schnee, sodass man mit einem Nachtsichtgerät höchstens ein bisschen von ihrem Gesicht und ihre Augen sehen kann, und das ist manchmal zu wenig. Also beim nächsten Ausflug in polare Gebiete: Nachts vielleicht lieber drinnen bleiben!

60 PROZENT DER WILDTIERE SIND SEIT 1970 VON DER ERDE VERSCHWUNDEN.

Zu diesem erschreckenden Ergebnis kommt eine aktuelle Studie der Londoner Zoological Society zusammen mit der Umweltschutzorganisation WWF International. Der Grund für das Artensterben ist ganz einfach: Die ungebremste Expansion des Menschen zerstört den Lebensraum für alle anderen Bewohner des Planeten. Während sich die Zahl der Menschen seit 1960 auf 7,4 Milliarden verdoppelt hat, sterben immer mehr Arten von Säugetieren, Fischen, Vögeln, Amphibien und Reptilien aus. In beispielloser Geschwindigkeit schwindet auch die Flora der Erde. Neben der Verdrängung aus dem Lebensraum gibt es weitere Gründe für das Artensterben. Der Mensch jagt und fischt zuviel, verschmutzt die Umwelt und führt Spezies in fremde Lebensräume ein. Dadurch verbreiten sich immer mehr Krankheiten unter den Tieren. In eine langfristige Perspektive gesetzt, sprechen die Wissenschaftler von fünf Massenauslöschungsperioden auf der Erde in den letzten 500 Millionen Jahren. Derzeit erleben wir durch das Einwirken des Menschen die sechste.

IN NEUSEELAND, IRLAND, ISLAND UND HAWAII GIBT ES KEINE EINZIGE FREILEBENDE SCHLANGE.

Schlangen – wenigstens die gewöhnlichen – gibt es doch überall, sollte man meinen. Aber tatsächlich sind einige Länder der Erde vollkommen schlangenfrei. Dass in der Antarktis keine Schlangen leben, erscheint irgendwie logisch. Aber warum auch nicht in Neuseeland, Irland, Island, Hawaii sowie auf den Azoren und den Bermudas? Das hat meistens mit der geografischen Isolation dieser Orte zu tun. Hawaii liegt zum Beispiel extrem weit weg vom nächsten Festland (3677 km von Kalifornien, 6196 km von Japan entfernt) und hat sich auch nicht von diesem abgespalten, sondern ist einst aus Vulkangestein quasi aus dem Meer gestiegen. Die einzigen Tiere, die dort frei leben, konnten also entweder gut schwimmen oder fliegen – oder sie sind von Menschen dorthin gebracht worden. Daher gibt es auf Hawaii unter anderem viele Vogelarten sowie Wildschweine und Hühner, aber keine Schlangen (außer Seeschlangen). Bei Irland war es so, dass erst die Eiszeit die Reptilien umbrachte und dann der steigende Meeresspiegel zwischen Irland und dem Rest Großbritanniens verhinderte, dass Schlagen von dort einwandern konnten. Also, liebe Schlangenphobiker: Eure nächsten Urlaubsziele stehen fest!

BONOBOS KÖNNEN IM ALTER WEITSICHTIG WERDEN UND BENÖTIGEN DANN EIGENTLICH EINE BRILLE WIE WIR MENSCHEN.

Bonobos neigen genau wie Menschen zur Altersweitsichtigkeit. Das untersuchten Forscher der Universität Kyoto und fanden heraus, dass die Affen genauso wie wir Menschen etwa mit Mitte 40 beginnen, schlechter zu sehen. Die Forscher um Heungjin Ryu waren überrascht, wie stark sich die Entwicklung bei Mensch und Bonobo ähnelt. Schuld an der Sehbeeinträchtigung, die unter Fachleuten Presbyopie genannt wird, ist ein altersbedingter Elastizitätsverlust der Linse im Auge. Dieser Prozess setzt bereits im Jugendalter ein, wird aber erst ab 40 Jahren zu einem spürbaren Problem. Es handelt sich dabei nicht um eine Krankheit, sondern um ganz normale Abnutzung, infolge derer der Gegenstand, den wir gerade noch scharf sehen können, immer weiter in die Ferne rückt. Bei den Bonobos fiel das Handikap auf, weil Tiere um die 40 häufig auf charakteristische Weise den Kopf zurücklegten, um wieder scharf sehen zu können. Besonders bei der gegenseitigen Fellpflege zeigt sich das Problem: So eine Laus ist schon mit guten Augen schlecht zu erkennen. Glücklicherweise haben Menschenaffen sehr lange Arme und können so noch ein paar Jahre ohne Brille auskommen.

ES GIBT EINE HALLOWEEN-PARADE FÜR HUNDE.

Die Amerikaner lieben ihre Haustiere, und sie lieben Halloween. Was läge näher, als beides zu verbinden? Am Tompkins Square in New York – wo es das ganze Jahr einen Freilaufplatz für Hunde gibt – findet jedes Jahr zu Halloween die größte Hunde-Kostümparade der Welt statt. Jeder kann mit seinem Hund vorbeikommen und beim großen Schaulaufen sowie beim Kostümwettbewerb mitmachen, wo es ordentliche Geldpreise zu gewinnen gibt. Bei den Kostümen haben sich die Herrchen und Frauchen oft viel Mühe gegeben: Man sieht Hunde mit Krawatten, Perücken und Brillen, Hunde auf Skateboards oder in kleinen Autos aus Pappmaché, Hunde mit Schmetterlingsflügeln oder im Bischofsornat. Jedes Jahr wieder dankbare Motive für Blogs, Posts und Nachrichten – aber dass alle Hunde es mögen, in ein Kostüm gesteckt zu werden, ist zu bezweifeln.

DIE WISSENSCHAFTLICHE BEZEICHNUNG DES WESTLICHEN FLACHLANDGORILLAS LAUTET GORILLA GORILLA GORILLA.

Der Westliche Flachlandgorilla lebt in den Regenwäldern und Sümpfen Zentralafrikas. Von den Östlichen Gorillas unterscheidet er sich durch seine hellere Fellfarbe und seine etwas kleinere, zierlichere Statur. Seine kuriose Bezeichnung kommt dadurch zustande, dass Tiere, um sie biologisch zu klassifizieren, in Familien (hier: Menschenaffen, Hominidae), Gattungen (hier: Gorilla), Arten (hier: Gorilla gorilla) und schließlich Unterarten eingeteilt werden (hier: Gorilla gorilla gorilla). Das verkürzte System aus Gattungs- und Artnamen geht auf Carl von Linné und sein Werk *Systema Naturae* zurück, das zwischen 1735 und 1768 erschien. Meist reicht es aus, ein Tier oder eine Pflanze durch die Gattung – die immer als Erstes genannt und großgeschrieben wird – und die Art (kleingeschrieben) zu benennen. Anders als in der Botanik können Gattungs- und Artname in der Zoologie gleich sein. Kommt dann noch eine gleichlautende Unterart dazu, klingt es ziemlich witzig … wie eben beim Gorilla gorilla gorilla oder auch beim Präriebison – Bison bison bison.

DIE FETTSCHICHT VON ROBBEN UND WALEN BEZEICHNET MAN ALS BLUBBER.

Wie alle Säugetiere müssen auch die Meeressäuger ihre Körperwärme selbst erzeugen. Da diese aber im Wasser schneller flöten geht als an Land, brauchen Meeressäuger zusätzlich zu einem wärmenden Fell noch eine möglichst dicke Unterhautspeckschicht, die Blubber genannt wird. (Das erklärt übrigens auch, warum Frauen in kaltem Wasser nicht so schnell frieren wie Männer: Sie haben mehr Körperfett.) Schwimmt das Tier in sehr kalten Gewässern, kann die Schicht über 50 cm dick werden und 50 Prozent der Körpermasse ausmachen. Das Fett sorgt außerdem für Auftrieb und dient als Fettreserve. Früher gewann man aus Walblubber Tran; von einem einzigen Blauwal konnte man bis zu 50 Tonnen Blubber abschneiden. Heute wird Blubber noch von Inuit verzehrt, die die Masse wegen ihres hohen Energie-, Omega-3-Fettsäure-, Vitamin D- und Vitamin-E-Gehalts schätzen. In der Fettschicht können sich jedoch Gifte aus dem Meer ablagern, weshalb man Blubber nicht in großen Mengen verzehren sollte.

Tihar, in Indien auch Deepawali genannt, ist ein fünftägiges Hindu-Fest, das Fest der Lichter. Es findet in Nepal jedes Jahr im Oktober/November statt. An jedem Tag des Festes wird ein anderes Lebewesen gefeiert, das im Hinduismus eine symbolische Bedeutung hat: am ersten Tag die Krähen, am zweiten die Hunde, am dritten die Kühe, am vierten die Ochsen und am fünften die Menschen selbst. Am Kukur Tihar, dem Hundetag, hängen die Nepalis ihren Hunden (und den Straßenhunden) Girlanden aus Ringelblumen um und drücken ihnen mit roter Farbe ein Tika, das hinduistische Segenszeichen, auf die Stirn. Außerdem gibt es ein paar Extra-Leckerlis. Sie gedenken der Rolle des Hundes im Hinduismus (zum Beispiel als Wächter am Tor zur Hölle) und feiern die gute Kameradschaft zwischen Mensch und Hund.

IN NEPAL GIBT ES EINEN FEIERTAG, UM HUNDE FÜR IHRE TREUE ZU DANKEN.

DER KURZKOPFGLEITBEUTLER KANN AN DEPRESSIONEN LEIDEN, WENN ER AUS SEINEM SOZIALEN UMFELD ENTRISSEN WIRD.

Kurzkopfgleitbeutler sind kleine, nachtaktive Flughörnchen, die in Australien und Neuguinea heimisch sind. Sie sind äußerst gesellig und leben in Gruppen von bis zu zwölf Tieren. In Gefangenschaft kommen die Tiere normalerweise gut zurecht; Voraussetzung ist eine artgerechte Haltung und eine stabile Gruppe, in der sie leben können. Diese besteht normalerweise aus einem dominanten Männchen und ihm untergeordneten Tieren. In einem Experiment wurde ein solches Männchen aus seiner Gruppe entfernt und einer anderen Gruppe zugeteilt, die bereits ein dominantes Männchen hatte. Das fremde Männchen ordnete sich unter und zeigte Verhaltensweisen und physische Merkmale einer Depression: Es interagierte weniger, ging kaum auf Rangkämpfe ein, fraß schlecht und lebte in sozialer Isolation. Zudem konnten in seinem Blut sinkende Testosteronwerte und ein steigendes Vorkommen des Stresshormons Cortisol nachgewiesen werden. Zuhause ist es doch am allerschönsten.

DIE JAGD AUF AFRIKANISCHE ELEFANTEN WEGEN DES ELFENBEINS HAT BEWIRKT, DASS DORT IMMER WENIGER ELEFANTEN MIT STOSSZÄHNEN GEBOREN WERDEN.

Besonders in China gibt es immer noch eine Nachfrage nach Elfenbein, weshalb in den letzten zehn Jahren fast ein Drittel der afrikanischen Elefanten (etwa 144.000 Tiere) von Wilderern getötet wurde. In den Populationen, die das überlebt haben, wird beobachtet, dass immer weniger (weibliche) Elefanten überhaupt mit Stoßzähnen geboren werden. Joyce Poole, Chefin der Wohltätigkeitsorganisation Elephant Voices, stellte einen direkten Zusammenhang zwischen der Wilderei und dem Rückgang der Stoßzähne fest: Weil die Wilderer nur Tiere mit Stoßzähnen jagen, blieben fast nur Tiere ohne Stoßzähne (solche gab es schon immer) zurück. Diese gaben das entsprechende Gen an ihre Nachkommen weiter, die heute ebenfalls keine Stoßzähne haben. Im Addo-Nationalpark in Südafrika haben 98 Prozent der weiblichen Elefanten keine Stoßzähne. Obwohl ihr Fehlen die Elefanten vor Wilderern schützt, ist es nicht optimal, da die Tiere sie brauchen, um nach Nahrung und Wasser zu graben, um sich zu verteidigen und für die Brunft.

QUELLENVERZEICHNIS

S. 8 oben: Jorg J. M. Massen, Caroline Ritter, Thomas Bugnyar, „Tolerance and reward equity predict cooperation in ravens (Corvus corax)", in: Scientific Reports, 7. 10. 2015, www.nature.com/articles/srep15021; **unten:** Marina Davila Ross, Michael J. Owren, Elke Zimmermann, „Reconstructing the Evolution of Laughter in Great Apes and Humans", in: Current Biology, 4. 6. 2009, www.cell.com/current-biology/abstract/S0960-9822(09)01129-4; Malina Opitz, „Affen haben einen Sinn für Humor", in: Kölner Stadt-Anzeiger, 7. 8. 2010, www.ksta.de/tierpsychologie-affen-haben-einen-sinn-fuer-humor-11884876; **S. 9 oben:** J. J. Villalba, F. D.Provenza, R. E. Banner: „Influence of macronutrients and polyethylene glycol on intake of a quebracho tannin diet by sheep and goats", in: American Society of Animal Science, 2002, www.researchgate.net/profile/Fred_Provenza/publication/10938490_Influence_of_macronutrients_and_polyethylene_glycol_on_intake_of_a_quebracho_tannin_diet_by_sheep_and_goats/links/552487780cf2b123c5175328.pdf; Sabrina Richards: „Natural Born Doctors", in: The Scientist, 23. 10. 201, www.the-scientist.com/?articles.view/articleNo/32966/title/Natural-Born-Doctors; **unten:** Ruth Beutler, Bonifaz Flaschenträger, E. Lehnartz, „Der Stoffwechsel", 21. 12. 2013, https://books.google.de/books?id=SbGSBwAAQBAJ; Becca Smithers, „Why do birds sing oo much in spring?", in: Science Made Simple, 26. 3. 2015, www.sciencemadesimple.co.uk/curriculum-blogs/biology-blogs/why-do-birds-sing-so-much-in-spring; **S. 10:** Thomas Riepe, „Füchse: unsere heimlichen Nachbarn", 2005, https://books.google.de/books?id=7EkH-CxVtHNIC; „Vux vulpes – Red Fox" in: Encyclopedia of Life, http://eol.org/pages/328609; **S. 11 oben:** Natalie J. Briscoe et al., „Tree-hugging koalas demonstrate a novel thermoregulatory mechanism for arboreal mammals", in: Biology Letters 10/6, Juni 2014, http://rsbl.royalsocietypublishing.org/content/10/6/20140235; **unten:** Michael Miersch, „Der Rabenversteher", in: Die Welt, 14. 11. 2009, www.welt.de/welt_print/vermischtes/article5208366/Der-Rabenversteher.html; **S. 12 oben:** Stefan Bartram, Wilhelm Boland, „Chemistry and Ecology of Toxic Birds", 30. 10. 2001, http://onlinelibrary.wiley.com/doi/10.1002/1439-7633(20011105)2:11%3C809::AID-CBIC809%3E3.0.CO;2-C/full; Darrem Naish, „Death by toxic goose. Amazing waterfowl facts part II", in: ScienceBlogs, 19. 6. 2010, http://scienceblogs.com/tetrapodzoology/2010/06/19/death-by-toxic-goose; **unten:** Robert Alan Lewis, „Lewis' Dictionary of Toxicology", 23. 3. 1998, https://books.google.de/books?id=caTqdbD7j4AC&; **S. 13 oben:** H. B. Davis, „The Raccoon: A Study in Animal Intelligence" in: The American Journal of Psychology, 1. 10. 1907, https://archive.org/details/jstor-1412576; Ulf Hohmann, Ingo Bartussek, Bernhard Böer, „Der Waschbär", 2001, https://books.google.de/books/about/Der_Waschbär.html?id=csJKygAACAAJ; **unten:** Samantha Grossman, „Do Goats Have Accents?", in: Time Magazine, 17. 2. 2012, http://newsfeed.time.com/2012/02/17/do-goats-have-accents; **S. 14 oben:** www.canadiangeographic.ca/article/animal-facts-bald-eagle; http://www.geo.de/geolino/natur-und-umwelt/10004-rtkl-weisskopfseeadler-der-herrscher-der-luefte; **unten:** www.spiegel.de/wissenschaft/natur/verblueffendes-experiment-tauben-merken-sich-gesichter-a-772532.html; **S. 15 oben:** Cait Newport, Guy Wallis, Yarema Reshitnyk, Ulrike E. Siebeck, „Discrimination of human faces by archerfish (Toxotes chatareus)", in: Scientific Reports, 7.6. 2016, www.nature.com/articles/srep27523; **unten:** wikipedia, „Prosopagnosie"; www.rp-online.de/leben/gesundheit/medizin/kronprinzessin-victoria-macht-betroffenen-mut-aid-1.2126164; **S. 16 oben:** www.zeit.de/wissen/gesundheit/2014-12/tuberkulose-erkennung-ratten-hero-rats/seite-2; **unten:** Rhönlexikon, www.rhoen.info/lexikon/flora_fauna/Wacholderdrosseln%3A_Kotattacken_gegen_Feinde_6319821.html; **S. 17:** www.tierchenwelt.de/affen-und-halbaffen/116-orang-utan.html; **S. 18:** Spiegel Online, www.spiegel.de/wissenschaft/natur/delfine-rufen-sich-beim-namen-a-887639.html; Süddeutsche, www.sueddeutsche.de/wissen/delfine-rufen-sich-beim-namen-flipper-das-bin-ich-1.1728476; **S. 19 oben:** Kaeli N. Swift, John M. Marzluff, „Wild American crows gather around their dead to learn about danger", in: Animal Behaviour 109, November 2015; Felicitas Fehrer, „Diese Vögel haben

Angst vor dem Tod", galileo.tv, 29.12. 2015; **unten:** Geo, www.geo.de/natur/tierwelt/3003-rtkl-verhalten-kluge-kraken; **S. 20 oben:** www.tagesspiegel.de/wissen/unglaublicher-sinn-fuer-radioaktivitaet/858548.html; **unten:** Focus online, www.focus.de/gesundheit/gesundleben/schlafen/interessantes-halbschlaf-delphine-bleiben-mit-einer-gehirnhaelfte-wach_id_4170321.html; **S. 21:** www.animalfactguide.com/animal-facts/atlantic-puffin; http://projectpuffin.audubon.org/birds/puffin-faqs; wikipedia „Papageitaucher"; **S. 22 oben:** wikipedia „Japanmakak"; www.blueplanetbiomes.org/japanese_macaque.htm; **unten:** Gross, H.J., Tautz, J., Pahl, M., Si, A., Zhu, H. & S.Zhang: „Number-based visual generalisation in the honeybee", in: PloSOne (2009) 4: 1-9. e4263. DOI:10.1371; Wu, W., Moreno,A.M., , Tangen, J.M. & J.Reinhard: „Honeybees can discriminate between Monet and Picasso paintings", in: J Comp Physiol A (2013) 199:45-55. DOI 10.1007/s00359-012-0767-5; bee careful, www.bee-careful.com/de/initiative/denken-honigbiene/

S. 24 oben: http://mara-meintierwissen.blogspot.de/; www.focus.de/gesundheit/ratgeber/tid-12658/biotherapie-hautpflege-durch-saugbar-ben_aid_351204.html; **unten:** Stanley Coren Ph. D., F. R. S. C., „Do Dogs Laugh?", in: Psychology Today, 22. 11. 2009, www.psychologytoday.com/blog/canine-corner/200911/do-dogs-laugh; Patricia Simonet, „Laughing Dogs", in: The Bark, http://thebark.com/content/laughing-dogs; **S. 25:** „The Symbiotic Relationship Between Gobies And Pistol Shrimp", http://petcha.com/pets/the-symbiotic-relationship-between-gobies-and-pistol-shrimp/); **S. 26 oben:** Virgina Morell, „It's Time to Accept that Elephants, Like us, Are Emphatetic Beings", in: National Geographic, 23. 2. 2014, http://news.nationalgeographic.com/news/2014/02/140218-asian-elephants-empathy-animals-science-behavior; Joshua M. Plotnik, Frans B. M. De Waal, „Asian elephants reassure others in distress", in: PeerJ, 18. 2. 2014, https://peerj.com/articles/278; **unten:** John W. S. Bradshaw, Rachel A. Casey, Sarah L. Brown, „The Behaviour of the Domestic Cat", 2012, https://books.google.de/books?id=KcPESM389aUC; **S. 27 oben:** Ann E. Bowles et al., „Differences in acoustic features of vocalizations produced by killer whales cross-socialized with bottlenose dolphins", in: The Journal of the Acoustical Society of America 136, August 2014, http://scitation.aip.org/content/asa/journal/jasa/136/4/10.1121/1.4893906; **unten:** Irene M. Pepperberg, „Think Animals Don't Think Like Us? Think Again", in: Discover Magazine, Februar 2009, http://discovermagazine.com/2009/feb/20-think-animals-dont-think-like-us-think-again; **S. 28:** www.tierklinik-hofheim.de/die-klinik/blutbank.html; **S. 29 oben:** www.hautus.org/science-news/study-dogs-show-empathy-to-crying-people; **unten:** www.kitchenham.de/PDFe/Verhalten/2010_06_teamplayer_wolfrabe.pdf; www.spiegel.de/wissenschaft/natur/intelligenzbestien-schmarotzen-machte-raben-schlau-a-475630.html; **S. 30 oben:** Bild der Wissenschaft, www.wissenschaft.de/leben-umwelt/biologie/-/journal_content/56/12054/12635616/Buchst%C3%A4blich-s%C3%BC%C3%9Fe-Mensch-Wildtier-Kooperation; **unten:** Corsin A, Müller, Kira Schmitt, Anjuli L. A. Barber, Ludwig Huber, „Dogs can discriminate emotional expressions of human faces", in: Current Biology, 12. 2. 2015, www.cell.com/current-biology/abstract/S0960-9822(14)01693-5; Stanley Coren, „Why do some dogs tilt their heads when we talk to them?", in: Psychology Today, 11. 12. 2013, www.psychologytoday.com/blog/canine-corner/201312/why-do-some-dogs-tilt-their-heads-when-we-talk-them; **S. 31:** bio390parasitology.blogspot.de/2011/04/you-look-this-way-ill-listen-that-way.html; **S. 32 oben:** M. Valenchon, F. Lévy, A. Górecka-Bruzda, L. Calandreau , L. Lansade, „Characterization of long-term memory, resistance to extinction, and influence of temperament during two instrumental tasks in horses", in: Animal Cognition, 2013, www.ncbi.nlm.nih.gov/pubmed/23743707; Jessica Frances Lampe, Jeffrey Andre: „Cross-modal recognition of human individuals in domestic horses (Equus caballus)", in: Animal Cognition, 2012, http://link.springer.com/article/10.1007/s10071-012-0490-1; **unten:** www.tierfreund.de/katzen-verhalten-korpersprache-und-lautsprache; **S. 33:** Tierwelt, www.tierwelt.ch/?rub=4495&id=39711; **S. 34 oben:** www.psychologytoday.com/blog/canine-corner/201509/are-dogs-or-cats-more-likely-make-us-laugh; **unten:** Bild der Wissenschaft, www.wissenschaft.de/web/wissenschaft.de/leben-umwelt/biologie/-/journal_content/56/12054/14684912/Skurril%3A-Ameisen-pflanzen-H%C3%A4userauf-B%C3%A4ume/

S. 36 oben: Carroll Lane Fenton, Pat Vickers Rich, Mildred Adams Fenton, Thomas H. V. Rich, „The Fossil Book: A Record of Prehistoric Life", 1989, https://books.google.de/books?id=_ntSspji0LYC; Ker Than, „World's First Tree Reconstructed", in: LiveScience, 18. 4. 2007, www.livescience.com/1439-world-tree-reconstructed.html; **unten:** Rick Emmer, „Megalodon: Fact or Fiction?", 2010, https://books.google.de/books?id=D78JlbRCr7UC; **S. 37 oben:** Forrest Wickman, „Minding their own beeswax", in: Slate Explainer, 19. 6. 2012, www.slate.com/articles/health_and_science/explainer/2012/06/busy_as_a_bee_are_bees_really_busy.html; **unten:** www.sueddeutsche.de/news/sport/olympia-pferde-ohne-flugangstder-teuerste-olympia-transport-dpa.urn-newsml-dpa-com-20090101-160729-99-859652; www.aerotelegraph.com/welches-menue-bekommen-pferde-an-bord-transport-olympische-spiele-rio; **S. 38:** http://raubkatzen-in-menschlicher-obhut.jimdo.com/2016/01/27/schon-gewusst/; **S. 39 oben:** Danny Kringiel, „Krieger mit Puschelohren", in: Spiegel Online, 29.6. 2012; **unten:** wikipedia „Tiere im Militär"; **S. 40 oben:** Kangaroo Hunting Wild Dogs – Flying Foxes", in: Sporting Magazine, 1831, https://books.google.de/books?id=Yj1EAQAAMAAJ; Terence J. Dawson: „Kangaroos", 16. 4. 2012, https://books.google.de/books?id=qa-FUU7XnctAC; **unten:** „The Secret of a Tiger's Roar", in: American Institute of Physics – Inside Science News Service, 29. 12. 200, www.sciencedaily.com/releases/2000/12/001201152406.htm; **S. 41:** John Seidensticker, Susan Lumpkin, „Cats in Question", 2004, https://books.google.de/books?id=o-J51aycWZ30C&pg; **S. 42 oben:** Yoko Saikawa, Kimiko Hashimoto et al., „Pigment chemistry: The red sweat of the hippopotamus", in: Nature 429, 27. Mai 2004, www.nature.com/nature/journal/v429/n6990/full/429363a.html; **unten:** Paul F. Long et al., „Gene Expression in the Scleractinian Acropora microphthalma Exposed to High Solar Irradiance Reveals Elements of Photoprotection and Coral Bleaching", in: PLoS ONE, 12. November 2010, http://journals.plos.org/plosone/article?id=10.1371/journal.pone.0013975; Olivier Penaccchio et al., „Orientation to the sun by animals and its interaction with crypsis", in: Functional Ecology 29, September 2015, www.ncbi.nlm.nih.gov/pmc/articles/PMC4758631; **S. 43 oben:** http://science.orf.at/stories/2789072/; wikipedia: http://animaldiversity.org/site/accounts/information/Struthio_camelus.html; wikipedia „Afrikanischer Strauß"; **S. 44 oben:** Terry J. Ord, Judy A. Stamps, „Alert signals enhance animal communication in ‚noisy' environments", in: PNAS 105/48, Dezember 2008; **unten:** www.scinexx.de/wissen-aktuell-16920-2013-11-25.html; **S. 45 oben:** Tom Weihmann, Thomas Kleinteich, Stanislav N. Gorb, Benjamin Wipfler, „Functional morphology of the mandibular apparatus in the cockroach Periplaneta americana (Blattodea: Blattidae) – a model species for omnivore insects", in: Senckenberg Gesellschaft für Naturforschung, 2015; Jana Goyens, Joris Dirckx, Peter Aerts, „Jaw morphology and fighting forces in stag beetles", in: Journal of Experimental Biology, 2016; **unten:** wikipedia „Weißer Hai"; „Beißkraft"; **S. 46 oben:** „Ancient Survivors Could Redefine Sex", in: Quanta Magazine, 19.11. 2014, www.quantamagazine.org/20141119-ancient-survivors-could-redefine-sex/; **unten:** www.spektrum.de/news/recensive-wechseln-ihre-augenfarbe/1211941; www.wissenschaft-aktuell.de/artikel/Der_Spiegel_im_Auge_des_Rentiers__Farbaenderung_mit_der_Jahreszeit1771015589369.html; **S. 47 oben:** Radwanul Hassan Siddique, Guillaume Gomard und Hendrik Hölscher, „The role of random nanostructures for the omnidirectional anti-reflection properties of the glasswing butterfly", in: Nature Communications 6, 22. April 2015; www.nature.com/articles/ncomms7909; **unten:** Kellar Autumn et al, „Evidence for van der Waals adhesion in gecko setae", in: Proceedings of the National Academy of Sciences online, 20. August 2002, www.nature.com/news/2002/020828/full/news020826-2.html; S. Tonia Hsieh and George V. Lauder, „Running on water: Three-dimensional force generation by basilisk lizards", in: Proceedings of the National Academy of Sciences, 101/48, 30. November 2004, www.pnas.org/content/101/48/16784.abstract;

T. Wagner, C. Neinhuis und W. Barthlott, „Wettability and Contamination of Insect Wings as a Function of Their Surface Sculptures", in: Acta Zoologica, 77/3, Juli 1996, http://onlinelibrary.wiley.com/doi/10.1111/j.1463-6395.1996.tb01265.x/abstract; **S. 48 oben:** http://future.arte.tv/de/warum-pinkeln-pandas-im-handstand; **unten:** www.welt.de/wissenschaft/umwelt/article124884557/Ein-Seeloewe-mit-musikalischem-Taktgefuehl.html; **S. 49:** wikipedia „Eulen"; www.sas.upenn.edu/~dixonmj/owleyes.pdf; **S. 50:** www.mnn.com/earth-matters/animals/photos/7-examples-of-animal-democracy/african-buffalo; www.bbc.com/future/story/20121114-election-day-animal-style/; **S. 51:** National Geographic News, http://news.nationalgeographic.com/news/2004/11/1116_041116_jesus_lizard_2.html; **S. 52:** www.fao.org/docrep/006/ad347e/ad347e08.htm; https://bioweb.uwlax.edu/bio203/s2012/ladell_brid/adaptation.htm; www.spektrum.de/lexikon/biologie/yak/71345

S. 54 oben: Jeanna Bryner, „Baby Crocs Cry Inside Eggs", in: LiveScience, 23. 6. 2008, www.livescience.com/7510-baby-crocs-cry-eggs.html; **unten:** Blog des Hoedspruit Endangered Species Center, „Our Loving and Adorable Lammie", http://hesc.co.za/2015/05/our-loving-and-loveable-lammie; **S. 55:** Cynthia J. Moss, Harvey Croze und Phyllis C. Lee: The Amboseli Elephants: A Long-Term Perspective on a Long-Lived Mammal, University of Chicago Press, 2011, www.press.uchicago.edu/ucp/books/book/chicago/A/bo5781396.html; **S. 56:** Virginia Morell: „The touch of a trunk: how elephants console each other", in: The Dodo, 18. 2. 2014, www.thedodo.com/the-touch-of-a-trunk-how-eleph-434565980.html; Mallory Ortberg: „Advanced elephant societies use physical affection to isolate, distress one another", in: The Toast, 20. Februar 2014, http://the-toast.net/2014/02/20/advanced-elephants-distress-one-another/; **S. 57 oben:** Lindsay C. Young und Eric A. Vanderwerf, „Adaptive value of same-sex pairing in Laysan albatross", in: Proceedings of the Royal Society B, 281/ 1775, 22. Januar 2014, http://rspb.royalsocietypublishing.org/content/281/1775/20132473; **unten:** Bruce Bagemihl, Biological Exuberance. Animal Homosexuality and Natural Diversity, New York 1998, http://us.macmillan.com/biologicalexuberance/brucebagemihl/9780312253776/; **S. 58 oben:** C.M. Vinke, „Will a hiding box provide stress reduction for shelter cats?", in: Applied Animal Behaviour Science. Volume 160, November 2014; www.appliedanimalbehaviour.com/article/S0168-1591(14)00236-6/; **unten:** D. Lukas und T.H. Clutton-Brock, „The Evolution of Social Monogamy in Mammals", in: Science Magazine 341/6145, 29. Juli 2013, http://science.sciencemag.org/content/341/6145/526; Peter M. Kappeler, „Why Male Mammals Are Monogamous",in: Science Magazine 341/6145. 2. August 2013, http://science.sciencemag.org/content/341/6145/469; **S. 59:** Stephen Jackson „Australian Mammals: Biology and Captive Management", http://ptaforum.pharmazeutische-zeitung.de/index.php?id=3962; **S. 60 oben:** Martin Guldenkirch, „Der Schwan, der ein Tretboot liebte: Das späte Glück von Petra", in: Volksfreund, 9.8. 2016; wikipedia „Schwäne"; wikipedia: „Petra (Schwan)"; www.schwanenschutz-komitee.de; blog.dorfhotel.com/der-einsame-schwan-vom-fleesensee-oder-sind-schwaene-wirklich-treu; **unten:** Frans de Waal, „Bonobo – The Forgotten Ape", 1998; Frans de Waal, „Die Bonobos und ihre weiblich bestimmte Gemeinschaft", in: Spektrum, 1.5. 1995; **S. 61:** www.elephantnaturepark.org/no-big-girl-faa-mai-has-a-strong-bond-with-lek-this-is-incredible-to-see-she-always-sleep-well-when-lek-sing-her-good-night-song/; Jake Polden, „The elephant whisperer! Heart-warming footage shows a woman singing a lullaby to put a gentle giant to sleep", in: Mailonline/Daily Mail, 25. Mai 2016; **S. 62 oben:** Camille Ward, Erika B. Bauer, Barbara B. Smuts, „Partner preferences and asymmetries in social play among domestic dog, Canis lupus familiaris, littermates", in: Science Direct, 8. August 2008; **unten:** www.naturlexikon.de/; wikipedia: „Skorpionsfliegen"; www.tierportraet.ch; **S. 63:** www.kindernetz.de/oli/tierlexikon/-/id=385892/property=download/nid=75012/zuhjb/SeepferdchenSWRKindernetz.pdf; www.welt.de/wissenschaft/umwelt/article143484044/Seepferdchen-koennen-Schwanz-um-850-Grad-drehen.html; **S. 64:** wikipedia: „Doppelhornvogel"; WWF Hintergrundinformation Nashornvögel, www.wwf.de/fileadmin/fm-wwf/Publikationen-PDF/WWF-Arten-Portraet-Nashornvoegel.pdf

S. 66 oben: Andrea und Wilfried Steffen, Wale hautnah, Naglschmid Verlag 2012; www.whalefacts.org/whale-milk; **unten:** Dietland Müller-Schwarze, „The Beaver: Natural History of a Wetlands Engineer", 2003; **S. 67 oben:** Diana Estigarribia, „Moose", 2005, https://books.google.de/books?id=ia-W2gRNoYC8C; Jack Ballard, „Falcon Pocket Guide: Moose", 6. 5. 2014, https://books.google.de/books?id=h_pABAAAQBAJ; **unten:** „Brainworm", in: Michigan Wildlife Disease Manual, www.michigan.gov/dnr/0,4570,7-153-10370_12150_12220-26502--,00.html; **S. 68 oben:** Fay A. Guarraci und Anastasia Benson, „„Coffee, Tea and Me': Moderate doses of caffeine affect sexual behavior in female rats", in: Pharmacology Biochemistry and Behavior, 82/3, November 2005, www.sciencedirect.com/science/article/pii/S0091305705003394; **unten:** C. Laurent, S. Burnouf et al., „A2A adenosine receptor deletion is protective in a mouse model of Tauopathy." In: Molecular Psychiatry, 21, 2. Dezember 2014, www.nature.com/mp/journal/v21/n1/full/mp2014151a.html; Nadja Olini, Salomé Kurth und Reto Huber, „The Effects of Caffeine on Sleep and Maturational Markers in the Rat", in: PlosOne, 4. September 2013, http://journals.plos.org/plosone/article?id=10.1371/journal.pone.0072539; **S. 69 oben:** Samuel R. Gochman, Michael B. Brown, Nathaniel J. Dominy, „Alcohol discrimination and preferences in two species of nectar-feeding primate", in: Royal Society Open Science, 20. 7. 2016, http://rsos.royalsocietypublishing.org/lookup/doi/10.1098/rsos.160217; **unten:** Merkblatt der Tierärztlichen Vereinigung für Tierschutz, Stand Juli 2014, www.tierschutz-tvt.de; Klaus Loeffler, Gotthold Gäbel, „Anatomie und Physiologie der Haustiere", 2010, https://books.google.de/books/about/Physiologie_der_Haustiere.html; **S. 70 oben:** D. Malcolm Shaner und Kent A. Vlient, „Crocodile Tears: And thei eten hem wepynge." In: BioScience 57, 7. Juli 2007; Mitte: Duden Redaktion: Das Herkunftswörterbuch. Etymologie der deutschen Sprache. Bibliographisches Institut, Berlin, 5. Auflage 2013; **unten:** www.herzeule.de/ueber-eulen/die-schleiereule.html; www.naturdetektive.de/16873.html; **S. 71 oben:** Christopher R. Olson, Devin C. Owen, Andrey E. Ryabinin, Claudio V. Mello, „Drinking Songs: Alcohol Effects on Learned Song of Zebra Finches", in: PLOS One, 23.12. 2014; **unten:** Jochen Niethammer, Franz Krapp (Hrsg.): Handbuch der Säugetiere Europas. Band 6: Meeressäuger, Teil I Wale und Delphine – Cetacea, Teil IB: Ziphidae, Kogiidae, Physeteridae, Balaenidae, Balaenopteridae. Aula-Verlag Wiesbaden 1995, ISBN 3-89104-560-3; **S. 72 oben:** https://munchies.vice.com/de/articles/fuer-eine-bessere-zukunft-sollten-wir-alle-unsere-xxx-essen; http://mussenstellen.com/article/verdauung; **unten:** Izhar Ullah, „Smoking Dead Scorpions is KP'S latest dangerous addiction", in: Dawn, 12. Mai 2016; **S. 73 oben:** Mario Ludwig im Interview mit Fabian Maysenhölder, „Tiere im Drogenrausch – Wenn Delfine Kugelfische kiffen." n-tv, 6. Februar 2015; www.ntv.de/wissen/Wenn-Delfine-Kugelfische-kiffen-article14460416.html; **unten:** Becky Crew, „Bennett's wallabies get high on poppy seeds", in: Australian Geographic, Creatura Blog, 27. Februar 2015, www.australiangeographic.com.au/blogs/creatura-blog/2015/02/bennetts-wallabies-get-high, Douglas Main, „Magic Mushrooms May Explain Santa & His ‚Flying' Reindeer", in: LiveScience Online, 20. Dezember 2012, www.livescience.com/25731-magic-mushrooms-santa-claus.html, **S. 74 oben:** www.wissenschaft.de/home/-/journal_content/56/12054/3500708/Video-der-Woche:-Tierische-Spiegelbilder; **unten:** Jeane Hofve, DMV, "Why fish is dangerous for cats", in: Little Big Cat, 20. 4. 2016, www.littlebigcat.com/nutrition/why-fish-is-dangerous-for-cats; Michael S. Hand, „Klinische Diätetik für Kleintiere", 2002, https://books.google.de/books?id=_M0KCyNggaoC; **S. 75 oben:** www.pbonline.at/vsp/futter.html; www.tarantulas.com/rosea.html; **unten:** wikipedia „Lungenfische"; **S. 76:** Amanda Pachniewska, „The animals that love doing drugs", in: Animal Cognition,www.animalcognition.org/2015/05/16/animal-drug-use

S. 78: www.spiegel.de/wissenschaft/natur/fortpflanzung-das-bizarre-paarungsverhalten-der-zwitterwuermer-a-738735.html; **S. 79 oben:** James P. Higham , Caroline Ross, Ymke Warren, Michael Heistermann, Ann M. MacLarnon, „Reduced reproductive function in wild baboons (Papio hamadryas anubis) related to natural consumption of the African black plum (Vitex doniana)", in: Hormones and Behavior, 52/3, September 2007; **unten:** www.welt.de/lifestyle/article5941358/Der-Loewe-ist-ein-sexueller-Wuestling.html; **S. 80:** www.welt.de/lifestyle/article8775953/Elefantenbullen-masturbieren; http://dradiowissen.de/beitrag/das-tiergespraech-der-fantastische-ruessel-vom-elefanten; **S. 81 oben:** Lorch, D., Sex-specific Variation in Infestation and Diversity of Ectoparasites on the Brown Antechinus, Antechinus stuartii. Diplomarbeit, Australian National University Canberra & Friedrich-Schiller-Universität Jena, 2004; www.welt.de/wissenschaft/umwelt/article120723705/Beuteltiere-treiben-Sex-bis-sie-tot-umfallen.html; **unten:** Spiegel Online; www.spiegel.de/wissenschaft/mensch/schaben-sex-schwaechlinge-bevorzugt-a-121110.html; **S. 82 oben:** www.spektrum.de/news/wie-aus-zwei-penissen-einer-wurde/1317416; Wolfgang Böhme: „Squamata, Schuppenkriechtiere", in: Wilfried Westheide, Reinhard Rieger (Hrsg.):Spezielle Zoologie. Teil 2: Wirbel- oder Schädeltiere. Spektrum Akademischer Verlag u. a., Heidelberg u. a. 2004, unten: Katja U. Heubel: Population ecology and sexual preferences in the mating complex of the unisexual Amazon molly Poecilia formosa (GIRARD, 1859), Hamburg 2004; www.welt.de/wissenschaft/umwelt/article153194639/So-verstoerend-skurril-kann-Sex-bei-Tieren-sein.html; **S. 83:** www.jetzt.de/tierwelt/bluthochzeit-die-orgasmus-explosion-der-bienenmaennchen-349856; **S. 84:** Koene, J., Chase, R. (1998): Changes in the reproductive system of the snail Helix aspersa caused by mucus from the love dart. J. Exp. Biol. 201 (1998); Die lebende Wurst der Woiohtiere; www.weichtiere.at/Schnecken/weinbergschnecke.html?/Schnecken/land/weinberg/seiten/fortpflanzung.html; **S. 85:** www.spiegel.de/wissenschaft/natur/fledermaeuse-grosse-hoden-kleines-hirn-a-388908.html; **S. 86:** www.reddit.com/r/askscience/comments/hwtou/how_long_does_a_pigs_orgasm_last_which_animal_has/; http://skeptics.stackexchange.com/questions/6611/do-pigs-have-30-minute-orgasms; www.bbc.co.uk/earth/story/20150924-the-truth-about-pigs; **S. 87 oben:** www.spektrum.de/news/baertierchen-erstmals-beim-sex-beobachtet/1431692; **unten:** http://www.spektrum.de/partnersuche-bei-kapuzineraffen-urin-macht-sexy-1.1065343; **S. 88 oben:** Karen H. Black, „The Rise of Australian Marsupials: A Synopsis of Biostratigraphic, Phylogenetic, Palaeoecologic and Palaeobiogeographic Understanding", in: Earth and Life, 983, 2012, http://link.springer.com/chapter/10.1007%2F978-90-481-3428-1_35; **unten:** Wright, A.H. & A.A. Wright. (1957). Handbook of Snakes of the United States and Canada. Comstock. Ithaca and London; www.gov.mb.ca/sd/wildlife/spmon/narsnakes/; **S. 89:** Kuriose Tierwelt, www.kuriosetierwelt.de/sex-im-tierreich-keuschheitsguertel-fuer-maulwuerfe/; **S. 90:** J.-G. J. Godin und L. A. Dugatkin, „Female Mating Preference for Bold Males in the Guppy, Poecilia reticulata" in: Proceedings of the National Academy of Sciences USA, Band 93, Heft 19, 17. September 1996; Anne E. Houde, Sex, Color and Mate Choice in Guppies, Princeton University Press, 1997, www.spektrum.de/magazin/wie-weibchen-partner-waehlen/824605

S. 92: Fabian Brau, Déborah Lanterbecq, Leila-Nastasia Zghikh, Vincent Bels und Pascal Damman, „Dynamics of prey prehension by chameleons through viscous adhesion", in: Nature Physics, 20. 6. 2016, www.nature.com/articles/nphys3795.epdf; **S. 93 oben:** Wolfgang von Engelhardt, Gerhard Breves, Martin Diener, Gotthold Gäbel, „Physiologie der Haustiere", 18. 11. 2015, https://books.google.de/books?id=Ax4zCwAAQBAJ; **unten:** I. Tobler, B. Schwierin, „Behaviour sleep in the giraffe (Giraffa camelopardalis) in a zoological garden", in: Journal of Sleep Research, 1996,http://onlinelibrary.wiley.com/doi/10.1046/j.1365-2869.1996.00010.x/pdf; **S. 94 oben:** Stacey Combes et al., „Linking biomechanics and ecology through predator–prey interactions: flight performance of dragonflies and their prey", in: Journal of Experimental Biology, 215, November 2012, http://jeb.biologists.org/content/215/6/903?iss=6; Anthony Leonardo et al., „Internal models direct dragonfly interception steering", in: Nature, 517, 15. Januar 2015, www.nature.com/articles/nature14045.epdf; **unten:** www.guinnessworldrecords.com/world-records/oldest-cat-ever; https://web.archive.org/web/20100226035922/http://www.petpublishing.com/catkit/articles/grandpa.shtml; http://www.

welt-der-katzen.de/katzenhaltung/biologie/alter/alter.html; **S. 95 oben:** A. Klemetsen et al., „Atlantic salmon Salmo salar L., brown trout Salmo trutta L. and Arctic charr Salvelinus alpinus (L.): a review of aspects of their life histories", in: Ecology of Freshwater Fish, 12/1, 13. Februar 2003, http://onlinelibrary.wiley.com/doi/10.1034/j.1600-0633.2003.00010.x/abstract; **unten:** dito; **S. 96 oben:** Jeff Hecht, „Extinct mega penguin was tallest and heaviest ever", in: New Scientist, 1. August 2014; N.N: „Riesen-Pinguin der Urzeit entdeckt", in: Süddeutsche Zeitung, 17.5. 2010; **unten:** www.todayifoundout.com/index.php/2011/08/the-worlds-most-fearless-creature-is-the-honey-badger; **S. 97 oben:** Matt Walker, The Secret of Ant Sleep Revealed, BBC Earth News, 2009; **unten:** Julius Nielsen etc., „Eye lens radiocarbon reveals centuries of longevity in the Greenland shark (Somniosus microcephalus)", in: Science 353/6300, 12. 8. 2016; **S. 98 oben:** wikipedia: „Südkaper"; www.bbc.com/earth/story/20150105-a-whale-with-one-tonne-testicles; **unten:** wikipedia „Gelbe Haarqualle"; **S. 99:** Biologie Schule; www.biologie-schule.de/die-lautesten-tiere.php; **S. 100 oben:** www.n-tv.de/wissen/Mauersegler-koennen-Monate-nonstop-fliegen-article18955921.html; **unten:** www.nature.org/newsfeatures/specialfeatures/animals/mammals/hippopotamus.xml; wikipedia „Flusspferd"; www.livescience.com/27339-hippos.html; **S. 101:** wikipedia „Kolibri", wikipedia „Bienenelfe", www.badische-zeitung.de/panorama/die-bienenelfe-legt-die-kleinsten-eier—83294299.html; **S. 102:** www.spiegel.de/wissenschaft/natur/schlangen-im-gleitflug-schmuckbaum-natter-reist-mit-ufo-trick-a-946333.html; **S. 103 oben:** www.spiegel.de/wissenschaft/natur/raetsel-um-sprungkraft-geloest-ausklapp-beine-katapultieren-floehe-in-die-hoehe-a-744949.html; **unten:** http://squid.tepapa.govt.nz/; www.neuseeland-news.com/Riesentintenfisch_Neuseeland.htm; **S. 104 oben:** „The World Almanac and Book of Facts",http://hypertextbook.com/facts/AngieYee.shtml; „University study uncovers the secret lives of UK garden snail", in: University of Exeter, www.exeter.ac.uk/news/featurednews/title_315519_en.html; **unten:** Ronald M. Nowak: Walker's mammals of the world. 6. Auflage. Johns Hopkins University Press, Baltimore 1999, Tom Walker: Caribou. Wanderer of the tundra. Graphic Arts Center Publishing Company, Portland 2000;

S. 106 oben: Maria Albo, Gudrun Winther, Cristina Tuni, Søren Toft, Trine Bilde, „Worthless donations: male deception and female counter play in a nuptial gift-giving spider", in: BMC Evolutionary Biology,http://bmcevolbiol.biomedcentral.com/articles/10.1186/1471-2148-11-329; Søren Toft, Maria J. Albo, „The shield effect: nuptial gifts protect males against pre-copulatory sexual cannibalism", in: Biology Letters, 8. 4. 2016, http://rsbl.royalsocietypublishing.org/content/12/5/20151082.full#sec-1; **unten:** Frédéric Delsuc, „Army ants trapped by their evolutionary history", in: PloS Biology, 17. 11. 2003, www.ncbi.nlm.nih.gov/pmc/articles/PMC261877; **S. 107:** Jonathan N. Pauli, Jorge E. Mendoza, Shawn A. Steffan, Cayelan C. Carey, Paul J. Weimer and M. Zachariah Peery, „The sloth and the moth: A mutually beneficial relationship", in: The Royal Society, 22. 1. 2014, https://royalsociety.org/news/2014/sloths-moths-mutualisms; **S. 108:** wikipedia „Tuffi"; www.faz.net/aktuell/gesellschaft/tiere/wuppertal-1950-sprang-ein-elefant-aus-der-schwebebahn-13714026.html; **S. 109:** wikipedia „Theobromin", „Theobrominvergiftung", www.tierarztpraxis-ehrlich.de/wissenswertes/item/schokolade-ist-gift-fuer-hunde; **S. 110 oben:** www.wissenschaft.de/archiv/-/journal_content/56/12054/1149163/Flughundfleisch-l%C3%B6ste-auf-Guam-Nervenkrankheit-aus; www.nzz.ch/article9S66H-1.321618; **unten:** http://www.alces-alces.com/

S. 112 oben: www.zmescience.com/research/how-scientists-tught-monkeys-the-concept-of-money-not-long-after-the-first-prostitute-monkey-appeared; **unten:** Dagmar Fertl und Brian Wilson, „Bubble use during prey capture by a lone bottlenose dolphin (Tursiops truncatus)", in: Aquatic Mammals 23.2, Januar 1997, http://aquaticmammalsjournal.org/share/AquaticMammalsIssueArchives/1997/AquaticMammals_23-02/23-02_Wilson.pdf; **S. 113:** http://dradiowissen.de/beitrag/futterklau-mit-pfiff; **S. 114 oben:** www.welt.

de/lifestyle/article5563345/Tuemmler-tun-es-auch-mit-einem-Abflussrohr.html; **unten:** www.rp-online.de/panorama/wissen/pinguinmaennchen-zahlen-mit-steinen-fuer-sex-aid-1.2282269; **S. 115 oben:** Walter Auffenberg: The Behavioral Ecology of the Komodo Monitor. University Press of Florida, Gainesville; James B. Murphy, C. Ciofi, C. de la Pennouse & T. Walsh: Komodo Dragons – Biology and Conservation. Smithsonian Books, Washington, D.C. 2002; **unten:** Bild der Wissenschaft, www.wissenschaft.de/home/-/journal_content/56/12054/1027367/; **S. 116 oben:** http://sz-magazin.sueddeutsche.de/texte/anzeigen/40917/Der-Bandenkrieg; www.morgenpost.de/printarchiv/familie/article135962711/Gibt-es-wirklich-eine-Affenpolizei.html; www.marco-polo-film.de/filme/produktion/production/affenalarm/?tx_mpfproductions_pi1%5Baction%5D=show&tx_mpfproductions_pi1%5Bcontroller%5D=Production&cHash=9820fe00903873612bc4b54e74ea309f; **unten:** Culum Brown, Martin P. Garwood, Jane E. Williamson, „It pays to cheat: tactical deception in a cephalopod social signalling system", in: Biology Letters 8/5, 23. Oktober 2012, http://rsbl.royalsocietypublishing.org/content/8/5/729; Roger T. Hanlon et al., „Transient sexual mimicry leads to fertilization", in: Nature, 433, 20. Januar 2005, www.nature.com/articles/433212a.epdf

S. 118 oben: M. P. Black, M. S. Grober, "Group Sex, Sex Change, and Parasitic Males: Sexual Strategies Among the Fishes and Their Neurobiological Correlates", in: Annual Review of Sex Research, 2003, www2.gsu.edu/~biomgx/Publications/BlackandGrober2003.pdf; **unten:** Theodore W. Pietsch, „Oceanic Anglerfishes: Extraordinary Diversity in the Deep Sea", 22. 4. 2009, https://books.google.de/books?id=HiOq3dUk7jIC; **S. 119 oben:** James Owen, „More Wild Pandas Than Thought, Dung Study Reveals", in: National Geographic News, 22. 6. 2006, http://news.nationalgeographic.com/news/2006/06/060622-pandas.html; **unten:** Marion Copeland, „Cockroach", 2003, https://books.google.de/books?id=MNQSAgAAQBAJ; **S. 120 oben:** Frankfurter Allgemeine; www.faz.net/aktuell/wissen/natur/sternmull-riechen-unter-wasser-sogar-saeugetiere-beherrschen-den-trick-1380966.html; www.n-tv.de/wissen/Sternmull-ist-aeusserst-sensibel-article10035681.html; **unten:** Sarah Hewitt, „If it has to, a horned lizard can shoot blood from its eyes", in: BBC Earth, 5. 11. 2015, www.bbc.com/earth/story/20151105-if-it-has-to-a-horned-lizard-can-shoot-blood-from-its-eyes; **S. 121 oben:** Thomas F. Savage, „A Guide to the Recognition of Parthenogenesis in Incubated Turkey Eggs". Oregon State University, 11. Februar 2008, http://oregonstate.edu/instruct/ans-tparth/index.html; **unten:** George C. Kent, „Animal reproductive system: Parthenogenesis", in: Encyclopedia Britannica Online, 8. Juni 2016, www.britannica.com/science/animal-reproductive-system/Parthenogenesis; **S. 122 oben:** www.medizinauskunft.de/artikel/diagnose/maenner/08_05_spinnenerektion.php; http://derstandard.at/2871477/Fast-sowirksam-wie-Viagra-Ein-Spinnenbiss; **unten:** wikipedia, „Priapismus";www.urologenportal.de/patienten/patienteninfo/patientenratgeber/priapismus.html; **S. 123:** www.savethekoala.com/german; **S. 124:** www.harinezumi-cafe.com, sumikai.com/japan/erstes-igel-cafe-in-tokyo-eroeffnet-127491; **S. 125 oben:** wikipedia „Analblase"; Markus Bühler, bestiarium.kryptozoologie.net/artikel/rektale-unterwasseratmung-bei-schildkroten; **unten:** Shmuel Parnes, Shaul Raviv, Asaf Shechter und Amir Sagi, „Males also have their time of the month! Cyclic disposal of old spermatophores, timed by the molt cycle, in a marine shrimp", in: Journal of Experimental Biology, 209, 2006, http://jeb.biologists.com/content/209/24/4974.abstract; **S. 126:** www.wissenschaft.de/leben-umwelt/biologie/-/journal_content/56/12054/2732107/Seesterne-sehen-mit-den-Armen; **S. 127 oben:** www.ka-news.de/region/karlsruhe/Karlsruhe~/Kot-gegen-Hitze-So-kuehlen-sich-jetzt-Storche-ab;art6066,1677473; **unten:** www.tlz.de/kinder/detail/-/specific/Warum-suhlen-sich-Schweine-so-gerne-im-Schlamm-123999119; www.ka-news.de/region/karlsruhe/Karlsruhe~/Kot-gegen-Hitze-So-kuehlen-sich-jetzt-Storche-ab;art6066,1677473; www.weltderphysik.de/gebiet/leben/news/2012/haariger-hitzeschutz-spaerliche-behaarung-haelt-elefanten-kuehl/; www.swr.de/swr2/wissen/30-grad-und-dickes-fell-was-machen-tiere-bei-hitze/-/id=661224/did=13900624/nid=661224/1xs421g/index.html; **S. 128 oben:** www.spektrum.de/lexikon/

biologie/bonellia/10008; **unten:** Neal L. Evenhuis, New species of Campsicnemus from the Waianae Range of Oahu, Hawaii, http://hbs.bishopmuseum. org/pdf/op45-54-58.pdf; wikipedia „Neal Evenhuis"; **S. 129:** http://www.zeit. de/wissen/umwelt/2012-04/unterschaetztes-tier-schlammspringer; www.wissenschaft.de/leben-umwelt/biologie/-/journal_content/56/12054/12427445/ Erfolgreicher-Ur-Landgang-dank-Schwanz%3F/; **S. 130 oben:** Bild der Wissenschaft, www.wissenschaft.de/home/-/journal_content/56/12054/1145675/; **unten:** Louise Gentle, „Why do wombats do cube-shaped poo?", in: The Conversation, 2016; http://derstandard.at/2000033206141/Wie-und-warum-Wombats-in-Wuerfelform-koten;

S. 132 oben: Manfred Liebsch, „Die Geschichte der Validierung des LAL-Test", in: Zentralstelle zur Erfassung und Bewertung von Ersatz- und Ergänzungsmethoden zum Tierversuch, 1995, www.altex.ch/resources/ altex_1995_2_76_80_Liebsch.pdf; **unten:** Maryann Mott, „Coughing Cats May Be Allergic to People, Vets Say", in: National Geographic News, 25. 10. 2005, http://news.nationalgeographic.com/news/2005/10/1025_051025_ cat_asthma.html; **S. 133 oben:** Sy Montgomery, „The Octopus Scientists", 26. 5. 2015, https://books.google.de/books?id=Y1hCCQAAQBAJ; **unten:** Binyamin Hochner, Michael J. Kuba, „Pull or Push? Octopuses Solve a Puzzle Problem", in: PloS One, 22. 3. 2016, www.ncbi.nlm.nih.gov/pmc/ articles/PMC4803207/; **S. 134 oben:** Jonathan Fidoe, „Cheating cheetahs caught by DNA", in: BBC News, 29. 5. 2007, http://news.bbc.co.uk/2/ hi/science/nature/6701515.stm; **unten:** Fiona MacDonald, „Adorable tortoise receives a 3D-printed shell after being burnt in a fire", in: Science Alert, 24. 5. 2016, www.sciencealert.com/adorable-tortoise-receives-a-3d-printed-shell-after-being-burnt-in-a-fire; **S. 135 oben:** Joseph J. Hobbs, „World Regional Geography", 13. 3. 2008, https://books.google. de/books?id=yAgGHnENHjoC; Alan S. Collins, „Madagascar and the amalgamation of Central Gondwana," in: Continental Evolution Research Group, Geology and Geophysics, 4. 8. 2005, www.adelaide.edu.au/directory/ alan.collins?dsn=directory.file;field=data;id=2242;m=view; **unten:** John Roach, „Elephants ‚Hear' Warnings With Their Feet, Study Confirms", in: National Geographic News, 16. 2. 2006, http://news.nationalgeographic. com/news/2006/02/0216_060216_elephant_sound.html; **S. 136 oben:** Katy Evans, Vicki J. Adams. „Proportion of litters of purebred dogs born by caesarean section", in: Journal of Small Animal Practice, 2010, www. researchgate.net/publication/41411612_Proportion_of_litters_of_pure-bred_dogs_born_by_caesarean_section; **unten:** Thomas Jander: Tiere im Kriegsdienst: Brieftauben und Meldehunde 1914–1918. Das Archiv, Magazin für Kommunikationsgeschichte des Museums für Kommunikation Berlin, Ausgabe 1/2015; **S. 137 oben:** Lucinda P. Lawson, Cristiano Vernesi, Silvia Ricci und Francesco Rovero, „Evolutionary History of the Grey-Faced Sengi, Rhynchocyon udzungwensis, from Tanzania: A Molecular and Species Distribution Modelling Approach." In: PLoSONE 8, August 2013, http://journals. plos.org/plosone/article?id=10.1371/journal.pone.0072506; **unten:** wikipedia, https://commons.wikimedia.org/wiki/File:Rhynchocyon_udzungwensis_Tanzania_F._Rovero.jpg; **S. 138 oben:** Bild der Wissenschaft, www.wissenschaft. de/leben-umwelt/biologie/-/journal_content/56/12054/11523747/Wenn-Baum-h%C3%B6rnchen-frustriert-sind.../; **unten:** Law of Urination: all mammals empty their bladders over the same duration. Patricia J. Yang, Jonathan C. Pham, Jerome Choo, David L. Hu; www.spiegel.de/wissenschaft/natur/saeugetiere-urinieren-dauert-bei-allen-arten-aehnlich-lang-a-977186.html; **S. 139 oben:** Honor Whiteman: „Could cat feces help cure cancer?" In: Medical News Today, 20. Juli 2014, www.medicalnewstoday.com/articles/279776.php; **unten:** J. Flegr et al., „Women infected with parasite Toxoplasma have more sons", in: Naturwissenschaften 94/2, Februar 2007, http://link.springer.com/ article/10.1007%2Fs00114-006-0166-2; **S. 140 oben:** www.faz.net/aktuell/ gesellschaft/tiere/google-sheep-view-auf-den-faroeern-14339363.html; www. chip.de/news/Google-Sheep-View-Darum-werden-die-Faeroeer-Insel-von-Schafen-gefilmt_96817854.html; **unten:** http://hallimasch-und-mollymauk.de/ wie-viele-halswirbel-hat-eine-giraffe/; http://www.wasistwas.de/archiv-wissen-

schaft-details/wie-viele-knochen-hat-ein-mensch.html; **S. 141 oben:** www. handelsblatt.com/archiv/mit-zuckerbrot-und-peitsche-tausende-von-amerikanern-halten-tiger/2199506.html; www.spiegel.de/spiegel/print/d-49767443. html; **unten:** Richard and Joye Wolkomir, „Prying Into The Life of a Prickly Beast", in: National Wildlife, 12. 1. 1993, www.nwf.org/news-and-magazines/ national-wildlife/animals/archives/1994/prying-into-the-life-of-a-prickly-beast. aspx; U. Roze, D. C. Locke, N. Vatakis, „Antibiotic properties of porcupine quills", in: Journal of Chemical Ecology, 1990, www.ncbi.nlm.nih.gov/ pubmed/24263588; **S. 142 oben:** www.accuweather.com/en/weather-news/ it-was-a-little-after/32875735; **unten:** www.quora.com/Does-China-legally-own-every-giant-panda-in-the-world-including-those-born-in-zoos-outside-China; Wikipedia: „Panda diplomacy"; **S. 143 oben:** Martin S. Banks, William W. Sprague, Jürgen Schmoll, Jared A.Q. Parnell, Gordon D. Love, „Why do animal eyes have pupils of different shapes?", in: Science Advances, 7. August 2015; **unten:** Rombert Kenney, How can Sea Mammals drink Saltwater, in: Scientific American, www.scientificamerican.com/article/how-can-sea-mammals-drink/; **S. 144:** B. Werner: 4. Stamm Cnidaria In: Alfred Kaestner: Lehrbuch der Speziellen Zoologie. Band I: Wirbellose Tiere. 2.Teil: Cnidaria, Ctenophora, Mesozoa, Plathelminthes, Nemertini, Entoprocta, Nemathelminthes, Priapulida. Gustav Fischer Verlag, Jena, 4. Auflage 1984; **S. 145 oben:** Harmony Huskinson: „Sharknado' Got One Thing Right: Aquatic Animals Sometimes Do Fall From The Sky", in: National Geographic Voices, 19. 7. 2013, http://voices.nationalgeographic.com/2013/07/19/shar-knado-got-one-thing-right-aquatic-animals-sometimes-do-fall-from-the-sky; **unten:** Bild der Wissenschaft, www.wissenschaft.de/web/wissenschaft.de/ leben-umwelt/umwelt/-/journal_content/56/12054/14623767/Arktis%3A-Vogelkolonien-als-K%C3%BChl-Aggregate; **S. 146 oben:** www.spiegel.de/ spiegel/print/d-131927878.html; **unten:** www.sueddeutsche.de/wissen/ insektenforschung-in-dachau-nazis-erprobten-moskitos-zur-kriegsfuehrung-1.1888396; www.tagblatt.de/Nachrichten/Tuebinger-Studie-zum-Entomologischen-Institut-in-Dachau-93338.html; www.spiegel.de/wissenschaft/ medizin/studie-nazis-wollten-stechmuecken-als-waffen-einsetzen-a-953348. html; **S. 147 oben:** www.independent.co.uk/news/uk/home-news/cows-officially-the-most-deadly-large-animals-in-britain-a6727266.html; www.quora. com/Are-cows-responsible-for-20-times-more-human-deaths-each-year-than-sharks-Why; www.spiegel.de/reise/aktuell/oesterreich-neue-regeln-fu-er-wanderer-nach-attacke-von-kuehen-a-983710.html; **unten:** https://www. insidescience.org/news/new-research-reveals-how-polar-bears-stay-warm; http://nowiknow.com/invisible-polar-bears/; **S. 148 oben:** www.zsl.org/ science/news/landmark-report-shows-global-wildlife-populations-on-course-to-decline-by-67-per-cent; www.welt.de/wissenschaft/umwelt/ article159078241/Jedes-zweite-Wildtier-ist-von-der-Erde-verschwunden. html; **unten:** www.zeit.de/2004/07/Stimmts_Schlangen_in_Irland; www.quora. com/Why-are-there-no-snakes-in-Hawaii-Is-there-a-historical-reason; **S. 149:** Bild der Wissenschaft, www.wissenschaft.de/leben-umwelt/biologie/-/ journal_content/56/12054/14431991/Kurios%3A-Altersweitsichtige-Bonobos; **S. 150 oben:** www.tompkinssquaredogrun.com/halloween/; www. theverge.com/2016/10/22/13367414/tompkins-square-halloween-dog-para-de-new-york-city-photos; **unten:** wikipedia „Nomenklatur (Biologie)"; **S. 151 oben:** www.spektrum.de/quiz/was-ist-blubber/616626; wikipedia „Blubber"; **unten:** www.focus.de/wissen/videos/tiere/nepal-machts-vor-tihar-das-hunde-festival-der-anderen-art_id_4786268.html; **S. 152 oben:** Neville G. Gregory, „Sociology and Behaviour of Animal Suffering", 15. 3. 2008, https://books. google.de/books?id=0bOZocGJMaAC; **unten:** Charlotte England, „African elephants are being born without tusks due to poaching, researchers say", in: The Independent, 27. 11. 2016, www.independent.co.uk/news/elephants-africa-tusks-ivory-poaching-born-without-a7440706.html

BILDNACHWEIS

WENN DIR DIESES BUCH GEFALLEN HAT:

ENTHÄLT CA. 200 FAKTEN
UND IHRE HINTERGRÜNDE

MIT QUELLENVERZEICHNIS

AUCH ALS
E-BOOK
ERHÄLTLICH

FAKTASTISCH

LIEBE: WARUM DER BART BEIM SEX
SCHNELLER WÄCHST
UND WEITERE SPANNENDE FAKTEN
UND IHRE HINTERGRÜNDE

160 SEITEN, SOFTCOVER
EUR 10,00 [D]
EUR 10,30 [A]
SFR 13,90*
ISBN 978-3-96096-004-1

WWW.COMMUNITY-EDITIONS.DE

*unverbindliche Preisempfehlung

 **FAKTASTISCH**

Wer im Internet nach interessanten Fakten sucht, kommt an Faktastisch nicht vorbei. Denn sie veröffentlichen in ihren sozialen Netzwerken Instagram, Facebook, YouTube und Twitter regelmäßig Fakten zu allen möglichen Themengebieten. Faktastisch ist im deutschsprachigen Raum die wichtigste Anlaufstelle für spannende Fakten, unnützes Wissen, Unterhaltung und Wissenswertes. Ende 2016 konnten sie knapp 5 Millionen Follower auf Instagram und 3,4 Millionen Likes auf Facebook verzeichnen und zählen damit zu den reichweitenstärksten Content-Kanälen im deutschsprachigen Raum. Ihre Inhalte werden millionenfach geteilt.

Das vorliegende Buch ist Teil einer Themenreihe.

Folge Faktastisch für noch mehr Fakten:

 Instagram.com/faktastisch

 Facebook.com/faktastisch

 Youtube.com/user/faktastisch

 Twitter.com/faktastisch